走出造价困境

——360°成本测算
（园林工程）

孙嘉诚　编著

机械工业出版社
CHINA MACHINE PRESS

成本控制不仅是财务问题,更是一种管理智慧。成本控制着工程成败的经济命脉,每一个从业者共同搭建成本思维,对于项目的管理和盈利,会起到决定性作用。本书共分为四篇,从最根本的劳务成本逐步展开。

第一篇:劳务成本——让工程人知道赚多少钱。该篇让工程人知道承包一个工程能赚多少钱,同时分析了影响利润波动点的内外部因素。

第二篇:总承包对劳务成本——总承包发包单价控制。该篇整理了全国7大地理分区的劳务分包单价,帮助总承包进行分包时有的放矢。

第三篇:总承包对甲方成本——定额体系搭建。该篇就是定额体系搭建,给出了每一项清单在定额体系下的综合单价,同时给出推荐使用的定额子目,帮助大家在定额套用时,进行详细参考。

第四篇:甲方成本——项目成本归集,指标含量测算。该篇将项目进行成本归集,指标、单方含量分析测算,方便后续项目进行类比,在宏观上指导未来项目的可行性。

本书不仅适合于造价行业的从业者,更适合于工程其他行业的同仁。

图书在版编目（CIP）数据

走出造价困境：360°成本测算. 园林工程 / 孙嘉诚编著. -- 北京：机械工业出版社，2024. 9. -- ISBN 978-7-111-76475-5

Ⅰ. TU723.31

中国国家版本馆 CIP 数据核字第 2024F9H951 号

机械工业出版社（北京市百万庄大街 22 号　邮政编码 100037）
策划编辑：张　晶　　　　责任编辑：张　晶　张大勇
责任校对：丁梦卓　张　征　责任印制：常天培
固安县铭成印刷有限公司印刷
2024 年 9 月第 1 版第 1 次印刷
184mm×260mm・15 印张・328 千字
标准书号：ISBN 978-7-111-76475-5
定价：79.00 元

电话服务　　　　　　　　网络服务
客服电话：010-88361066　　机　工　官　网：www.cmpbook.com
　　　　　010-88379833　　机　工　官　博：weibo.com/cmp1952
　　　　　010-68326294　　金　书　网：www.golden-book.com
封底无防伪标均为盗版　机工教育服务网：www.cmpedu.com

推 荐 序

作为一名长期从事工程成本工作的我来说，深知园林工程在现代城市建设中的重要性。园林工程不仅是城市生态环境建设的关键，更是提升城市景观和居民生活质量的重要因素。然而，园林工程的成本测算和控制一直是业内面临的一大挑战。成本管理的不当不仅会影响项目的顺利实施，还可能会带来不可估量的经济损失。因此，一本全面、系统、实用的园林工程成本测算指导书对于从业者来说，显得尤为珍贵。

《走出造价困境——360°成本测算（园林工程）》正是这样一本书。它从劳务成本、总承包对劳务成本、总承包对甲方成本以及甲方成本四篇内容，深入浅出地解析了园林工程成本的各个方面。作为一名业内人员我深感这本书的内容扎实、分析透彻，是一本不可多得的专业指导书。

一、全面解析劳务成本

劳务成本是园林工程中最重要的成本之一。书中详细分析了影响劳务成本的多种因素，如工种划分、工作量定额、工人薪资水平和施工现场管理等。通过丰富的实际案例和数据统计，作者为读者提供了切实可行的劳务成本测算方法。同时，书中还探讨了如何通过提高施工效率、加强现场管理、合理安排工期等措施来有效控制劳务成本、增加利润。这些内容不仅理论联系实际，还具有很强的操作性，对从业者日常工作中的成本管理具有重要参考价值。

二、总承包对劳务成本的精细控制

作为项目管理的核心，总承包方在控制劳务成本方面的角色至关重要。本书在这一部分着重介绍了总承包方如何制定合理的劳务分包单价，并分为7大地理分区进行分别编制。

这些内容不仅帮助读者理解总承包方在控制劳务成本时所面临的挑战和应对策略，还提供了许多实用的操作指南，帮助从业者在实际项目中更好地控制劳务成本。

三、总承包对甲方成本的综合管理

总承包方不仅需要控制劳务成本，还需要对甲方成本进行全面报价。而目前国内主流的定额体系恰是如此，控制好这些成本是项目成功的关键。书中给出了每一项清单所对应的定额子目，不会套定额，照着这个套一个都不差。

四、甲方成本的合理测算

甲方作为园林工程项目的出资方，最关心的是项目的最终成本和效果。书中从甲方的角度出发，列举了大量实际项目的指标、指数、单方含量，让各位同仁在进行项目类比和项目估算时，可以有据可依。

总体而言，《走出造价困境——360°成本测算（园林工程）》是一本内容丰富、分析透彻、操作性强的专业指导书。它不仅为从业者提供了全面、系统的园林工程成本测算数据，还通过实际案例和数据分析，为读者提供了许多实用的经验和操作指导。这本书的出版，无疑为园林工程从业者提供了宝贵的参考资料和帮助，推动了园林工程行业的健康发展。

我衷心推荐这本书给所有从事园林工程的朋友们。相信通过本书的学习，大家能够更好地理解和掌握园林工程成本测算的关键方法和技巧，在实际工作中实现更高效的成本管理，推动项目的顺利实施和成功完成。

感谢作者为我们带来这样一本优秀的专业书籍，也期待读者朋友们在阅读过程中能够有所收获，并在实践中取得更大的成功。

张雪颖

2024 年 7 月 10 日

前　言

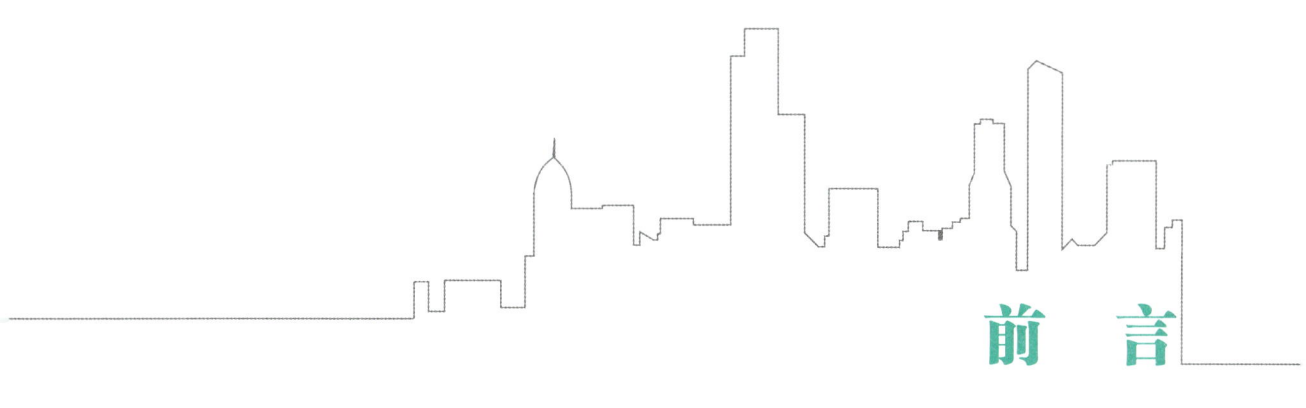

嗨，你好。

当你打开这本书时，你正在缓缓推开一个厚重的"成本大门"，门后是排列整齐、框架清晰的成本结构，它们正在蓄势待发。此时的你如点将般，将成本数据按照不同的使用场景，列阵在前。在开始成本列阵之前，请你仔细阅读这一段前言，或许在你使用它时，会有所帮助和启发。

"日日行不怕千万里，时时做不惧千万事"，成本体系的搭建并非一朝一夕可以完成，而是需要长久的数据积累和框架式的深度思考，建设工程项目存在体量大、周期长、专业多的特点，因此成本体系的搭建绝非单一线路的数据积累，而是在不同使用场景下的差异化数据排布。成本场景包括劳务成本、总承包对劳务成本、总承包对甲方成本、甲方成本等。

庖丁解牛般，层层递进，深入成本内核。很多人将成本"妖魔化"，弄得大家一头雾水，对成本框架的思考渐行渐远。其实简单来说，成本的存在最根本的作用就是让工程人知道，这个项目"赚了多少钱"，不然任何成本分析就都变得"本末倒置"了。分析成本就要深入成本，置身于工程现场，有多少工人，他们的工作效率怎样，几台机械，用了什么材料，单日成本又如何，有哪些影响成本价格的要素都要详细考虑。本书将从最深入的工人劳务成本出发，通过分析劳务分包单价，再比对定额体系价格，让你知道每个环节的利润率究竟有多少。

所以本书共分为四篇，从最根本的劳务成本逐步展开。

第一篇：劳务成本——让工程人知道赚多少钱。该篇让工程人知道承包一个工程能赚多少钱，同时分析了影响利润波动点的内外部因素。

第二篇：总承包对劳务成本——总承包发包单价控制。该篇整理了全国7大地理分区的劳务分包单价，帮助总承包进行分包时有的放矢。

第三篇：总承包对甲方成本——定额体系搭建。该篇就是定额体系搭建，给出了每一项清单在定额体系下的综合单价，同时给出推荐使用的定额子目，帮助大家在定额套用时，进行详细参考。

第四篇：甲方成本——项目成本归集，指标含量测算。该篇将项目进行成本归集，指标、单方含量分析测算，方便后续项目进行类比，在宏观上指导未来项目的可行性。

成本控制不仅仅是财务问题，更是一种管理智慧。同样的价格，有人说低，有人说高，因为一个价格无法满足全国市场。影响成本的因素很多，如结构形式、地区的经济条件、人文风情、水文气象等，大家在使用本书时，可借鉴书内表格内容，对价格进行灵活且动态的调整，这样才能有效地发挥本书的作用。

本书不仅适合于造价行业的从业者，更适合于工程其他行业的同仁，成本控制着工程成败的经济命脉，如果从业者能够共同搭建成本思维，对于项目的管理和盈利，会起到决定性作用。本书经过200天详细打磨，历经30余轮市场询价，数十次工地走访考察调研，以及多位专家严谨审核，层层把关，才得以与读者见面，同时感谢张雪颖老师的数据整理和数据支持，包明月老师，常雯雅老师的辅助协作。感谢广大读者朋友的热爱，本书在编写过程中，难免会有不足之处，请广大读者不吝指正。我们将会保持初心，持续输出落地有价值的内容，回馈持续支持我们的读者和朋友。

编 者

2024 年 7 月 10 日

目　录

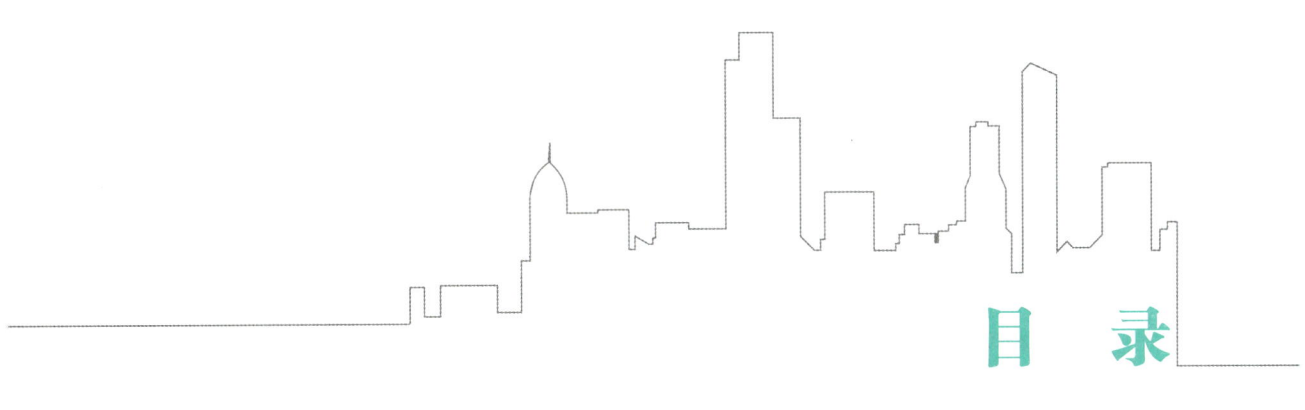

推荐序

前言

第一篇　劳务成本——让工程人知道赚多少钱

第一章　园路 / 2

案例1：272万元承包彩色透水混凝土工程能赚多少钱？/ 2

案例2：110.5万元承包芝麻灰花岗石地面工程能赚多少钱？/ 5

案例3：67万元承包嵌草砖工程能赚多少钱？/ 7

案例4：47万元承包汀步工程能赚多少钱？/ 9

案例5：63万元承包卵石铺地工程能赚多少钱？/ 11

案例6：108万元承包80cm厚的满铺碎石驳岸工程能赚多少钱？/ 14

案例7：20万元承包混凝土仿石面层工程能赚多少钱？/ 16

案例8：164万元承包路牙铺设工程能赚多少钱？/ 19

案例9：14万元承包树池围牙工程能赚多少钱？/ 21

案例10：24万元承包防腐木栈道工程能赚多少钱？/ 23

案例11：24万元承包防腐木栏杆工程能赚多少钱？/ 26

案例12：25万元承包整理绿化用地工程能赚多少钱？/ 29

第二章　景观 / 32

案例13：65万元承包绿地起坡造型工程能赚多少钱？/ 32

案例14：3万元承包点风景石工程能赚多少钱？/ 34

案例15：92万元承包园林景观工程的外墙真石漆喷涂（含腻子）项目能赚多少钱？/ 36

案例16：62万元承包园林景观工程的蘑菇石墙面项目能赚多少钱？/ 39

案例17：43万元承包砖砌小品工程能赚多少钱？/ 41

案例18：182万元承包园林景观工程中的铁艺栏杆项目能赚多少钱？/ 43

案例 19：9750 元承包园林景观工程中的 φ400mm 挡车石球项目能赚多少钱？/ 45

第三章　绿化 / 49

案例 20：50 万元承包栽植乔木，带土球、树高 4~5m 的工程能赚多少钱？/ 49

案例 21：62 万元承包栽植乔木，带土球、树高 6~7m 的工程能赚多少钱？/ 51

案例 22：26 万元承包栽植乔木，裸根胸径 200mm 的工程能赚多少钱？/ 52

案例 23：9 万元承包栽植灌木，带土球，土球直径 100mm 的工程能赚多少钱？/ 54

案例 24：3 万元承包花卉栽植工程能赚多少钱？/ 55

案例 25：3 万元承包园林绿化中栽植水生植物工程能赚多少钱？/ 57

案例 26：7 万元承包卡盆制作及缀花工程能赚多少钱？/ 58

案例 27：10 万元承包铺种草坪工程能赚多少钱？/ 60

案例 28：12 万元承包喷播植草（灌木）籽工程能赚多少钱？/ 61

案例 29：35 万元承包园林景观工程中的地坪养护项目能赚多少钱？/ 63

案例 30：5 万元承包园林景观工程中的乔灌木防寒项目能赚多少钱？/ 65

第四章　措施 / 67

案例 31：2.5 万元承包园林措施工程中的树体输养、保湿项目能赚多少钱？/ 67

案例 32：6000 元承包园林景观工程中的树干刷白项目能赚多少钱？/ 68

第五章　园林识图分类 / 71

园林苗木识图及单价 / 71

一、常绿针叶乔木 / 71

二、落叶大乔木 / 73

三、落叶小乔木 / 76

四、落叶灌木 / 79

五、常绿针叶灌木 / 83

六、常绿阔叶灌木 / 84

七、攀缘类 / 85

八、花卉及水生类 / 85

九、草坪及地被类 / 90

第二篇　总承包对劳务成本——总承包发包单价控制

全国园林劳务分包单价体系 2024 版（含税）/ 92

一、土石方工程 / 92

二、景观工程 / 92

三、绿化工程 / 100

第三篇　总承包对甲方成本——定额体系搭建

清单及综合体系2024 / 112
  一、土石方工程 / 112
  二、景观工程 / 113
  三、绿化工程 / 128
  四、给水排水工程 / 167

第四篇　甲方成本——项目成本归集，指标含量测算

指标测算基本情况——安徽合肥景观公园一 / 178
指标测算基本情况——山西大同景观公园 / 180
指标测算基本情况——河南郑州景观公园 / 182
指标测算基本情况——湖南长沙景观公园 / 184
指标测算基本情况——甘肃兰州景观公园一 / 186
指标测算基本情况——安徽安庆景观公园 / 188
指标测算基本情况——内蒙古呼和浩特景观公园 / 190
指标测算基本情况——江西南昌景观公园 / 192
指标测算基本情况——河南洛阳景观公园一 / 194
指标测算基本情况——广东广州景观公园 / 196
指标测算基本情况——河南开封景观公园 / 198
指标测算基本情况——北京景观公园 / 200
指标测算基本情况——上海景观公园 / 202
指标测算基本情况——甘肃兰州景观公园二 / 204
指标测算基本情况——安徽合肥景观公园二 / 206
指标测算基本情况——福建福州景观公园 / 208
指标测算基本情况——天津景观公园 / 210
指标测算基本情况——江苏无锡景观公园 / 212
指标测算基本情况——辽宁沈阳景观公园 / 214
指标测算基本情况——河南洛阳景观公园二 / 216
指标测算基本情况——山东烟台景观公园 / 218
指标测算基本情况——河北石家庄景观公园 / 220
指标测算基本情况——四川成都景观公园 / 222
指标测算基本情况——湖北武汉景观公园 / 224
指标测算基本情况——青海西宁景观公园 / 226

第一篇

劳务成本——让工程人知道赚多少钱

本篇是站在劳务班组角度进行的成本测算。劳务分包地区性差异较大,但本篇给出了成本测算的基本逻辑,分析人工的单日施工效率,进而测算出劳务的单位价格,让承包人在进行劳务分包时,有据可依,有法可测,心中有数。

同时本篇结合大量的现场实际案例,给出了每项工程现场可以实现增利和赚钱的点,帮助大家更好地实现利润的升级。

成本价格地区性波动较大,请大家根据测算思路,根据自身的项目情况,动态调整成本价格。

第一章 园 路

案例1：272万元承包彩色透水混凝土工程能赚多少钱？

某园林公司承包透水混凝土工程，该工程为厚50mm的彩色透水混凝土路面，承包范围包括放线，清理底层，调浆，铺设面层，嵌缝，混凝土、砂浆拌和、压实(印)，喷漆，抹平，养护等。总工程量为40000m²，工期为75d，承包单价为68元/m²(含喷漆含税)。

一、施工配置

人工配置

该工程总工程量为40000m²，人工施工效率根据熟练程度有所不同，人工施工效率为30~35m²/d，该工程按照32m²/d考虑，总工期为75d，则需要配置人工数量为40000/75/32 = 16.7(人)，向上取整按照17人考虑。

二、成本测算（测算价格均含税）

1. 人工

经过市场询价，承包模式分为点工和包工两种模式。

点工：一般为临时性零星用工，价格为360元/d。

包工：现场多采用包工形式，根据上述需配置工人17人，施工效率为32m²/d，现场40~60mm厚的透水混凝土包给工人的价格为18元/m²。

其他厚度人工价格：厚度60~80mm，22~25元/m²；厚度80~120mm，25~29元/m²；厚度120~150mm，27~31元/m²；厚度150~200mm，31~38元/m²。厚度越厚，出活量就越低，单价越高。

提示：价格差异主要来源于，点工按天开工资，工人积极性不高，容易磨洋工，但包工按照工作量计算，工人积极性高，单日出活量多，工资就高。故现场多采用包工形式。

2. 材料

现场一般采用自拌混凝土。

自拌混凝土，C20混凝土每立方米用料量：水130kg、水泥358kg、0305水洗石1650kg、胶结剂 10kg。

0305 水洗石：$1.650×140=231(元/m^3)$。50mm 厚的透水混凝土，$1m^2$ 0305 水洗石价格为 $231×0.05=11.55(元/m^2)$。

水泥：$0.358×550=196.9(元/m^3)$。50mm 厚的透水混凝土，$1m^2$ 水泥价格为 $196.9×0.05=9.85(元/m^2)$。

胶结剂（透水材料增强剂）：$0.01×5200=52(元/m^3)$。50mm 厚的透水混凝土，$1m^2$ 胶结剂价格为 $52×0.05=2.6(元/m^2)$。

喷漆：$8 元/m^2$。

施工用水、塑料薄膜等其他材料费按照 $1.5 元/m^2$ 考虑。

材料费合计：$11.55+9.85+2.6+8+1.5=33.5(元/m^2)$。

3. 机械

混凝土搅拌机，按 $2 元/m^2$ 考虑。

零星工具购买，如磨光机、振捣棒、翻斗车、手套、胶鞋等，此处可以多个项目循环使用，按照 $0.5 元/m^2$ 考虑。

机械费合计：$2+0.5=2.5(元/m^2)$。

4. 其他

管理费 55000 元，折算到每平方米成本为 $55000/40000=1.38(元/m^2)$。

坏账及其他损失 50000 元，折算到每平方米成本为 $50000/40000=1.25(元/m^2)$。

其他费用合计：$1.38+1.25=2.63(元/m^2)$。

总造价成本：$18+33.5+2.5+2.63=56.63(元/m^2)$。

三、利润分析

单位利润：$68-56.63=11.37(元/m^2)$。

总利润：$11.37×40000=45.48(万元)$。

利润率：$11.37/68=16.72\%$。

赚钱秘方

1.【利润点】混凝土的选择：预制与自拌在成本控制中的角力

透水混凝土路面工地现场采用自拌混凝土较多，如果采用商品混凝土可以按照如下方式进行替换。

每施工 $1m^2$ 的透水混凝土工程，考虑 1.5% 的混凝土损耗量，需要消耗 $1×0.05×(1+1.5\%)=0.05075(m^3/m^2)$ 混凝土，透水混凝土各地区价格差异较大，该地区 C20 透水混凝土按照 520 元$/m^3$ 考虑，则单平方米混凝土的材料费为 $520×0.05075=26.39(元/m^2)$。

2.【利润点】图案与范围：施工图案和范围制约着单价

施工图案的复杂性直接关联到工程的实施难度。图案越复杂，需要的技术水平越高，相应的人力物力成本也就越大。此外，图案的复杂性还会影响材料的浪费率和施工的效率。

当施工面积较大时，单位成本因规模经济而降低，此时，施工单位往往愿意提供价格优惠，同时通过大规模施工来摊薄固定成本。

对于面积小且分散的项目，机械和人工的转场成本成了一个不可忽视的计价因素。在这种情况下，单价的提高是为了补偿频繁转场带来的额外成本。

3.【利润点】搅拌机的抉择：搅拌机大小是成本与效率的权衡

小型搅拌机可能导致拌料不足，影响施工质量。大型搅拌机虽提高拌和效率，但增加了物流与周转成本。承包人需基于项目规模合理选型，实现成本效益最佳平衡。

4.【利润点】色彩与质地：面层是否喷漆露骨料制约着综合单价

彩色混凝土，面层是否需要喷漆，面层做法是否要求露骨料，都会影响着混凝土的综合单价，如需要喷漆或者特殊做法，需要在承包合同的承包范围中标明，明确这些内容是控制预算和确保工程质量的关键。

272万元承包彩色透水混凝土工程能赚的钱数见下表。

272万元承包彩色透水混凝土工程能赚的钱数

序号	施工配置		数量		单价		施工效率/实际消耗量		单位面积成本/(元/m²)	总价/万元
			数量	单位	单价	单位	数量	单位		
1	人工	混凝土综合工	40000	m²	18	元/m²	32	m²/d	18.00	72.00
2	材料	0305水洗石	40000	m²	140	元/t	1.65	t/m³	11.55	46.20
3		水泥	40000	m²	550	元/t	0.358	t/m³	9.85	39.40
4		胶结剂（透水材料增强剂）	40000	m²	5200	元/t	0.01	t/m³	2.60	10.40
5		喷漆	40000	m²	8	元/m²	—	—	8.00	32.00
6		施工用水、塑料薄膜等其他材料费	40000	m²	1.5	元/m²			1.50	6.00
7	机械	混凝土搅拌机	40000	m²	2	元/m²			2.00	8.00
8		零星工具	40000	m²	0.5	元/m²			0.50	2.00
9	其他费用	管理费	40000	m²	55000	项			1.38	5.52
10		坏账及其他损失	40000	m²	50000	项			1.25	5.00
11	成本价格（总数量40000m²×56.63元/m²）								56.63	226.52
12	承包价格（总数量40000m²×68元/m²）								68.00	272.00
13	总利润								45.48万元	
14	利润率								16.72%	

案例2：110.5万元承包芝麻灰花岗石地面工程能赚多少钱？

某园林公司承包50mm厚花岗石地面铺装工程，承包范围包括清理底层、结合层、选样、现场放线排样、铺设、灌缝、勾缝、清扫净面、养护等。总工程量为6500m²，工期为60d，承包单价为170元/m²（含税）。

一、施工配置

人工配置

该工程总工程量为6500m²，人工施工效率根据熟练程度有所不同，施工效率为15~20m²/d，该工程按照18m²/d考虑，总工期为60d，则需要配置人工数量为6500/18/60=6.01（人），向下取整按照6人考虑。

二、成本测算（测算价格均含税）

1. 人工

经过市场询价，承包模式分为点工和包工两种模式。

点工：一般为临时性零星用工，价格为380元/d。

包工：现场多采用包工形式，根据上述需配置工人6人，施工效率为18m²/d，50mm厚的花岗石地面包给工人价格为32元/m²。

提示：价格差异主要来源于，点工按天开工资，工人积极性不高，容易磨洋工，但包工按照工作量计算，工人积极性高，单日出活量多，工资就高。故现场多采用包工形式。

2. 材料

1）花岗石地面工程，花岗石损耗率为2%，芝麻灰花岗石B料价格为85元/m²，则单平方米50mm厚花岗石费用为85×1.02=86.7（元/m²）。

2）每施工1m²的花岗石地面工程，需要消耗0.03m³的M10水泥砂浆，总施工的工程量为6500m²，则水泥砂浆的用量为6500×0.03=195（m³），水泥砂浆单价为380元/m³，总费用为195×380=74100（元），折算到每平方米成本为74100/6500=11.4（元/m²）。

3）橡胶锤、水等其他材料费按照1元/m²考虑。

材料成本合计：86.7+11.4+1=99.1（元/m²）。

3. 机械

灰浆搅拌机、切割机，按照0.5元/m²考虑。

4. 其他

管理费 15000 元，折算到每平方米成本为 $15000/6500=2.31(元/m^2)$。

坏账及其他损失费用 20000 元，折算到每平方米成本为 $20000/6500=3.08(元/m^2)$。

其他费用合计：$2.31+3.08=5.39(元/m^2)$。

总造价成本：$32+99.1+0.5+5.39=136.99(元/m^2)$。

三、利润分析

单位利润：$170-136.99=33.01(元/m^2)$。

总利润：$33.01×6500=21.46(万元)$。

利润率：$33.01/170=19.42\%$。

赚钱秘方

1.【利润点】广狭之间：承包范围对工程单价的微妙影响

范围较小的项目导致机械使用的摊销成本、人工进出场摊销成本提高，从而使得单价上升，而大规模施工能够更有效地分摊固定成本，降低单方造价。

2.【利润点】铺展巨石：花岗石厚度对成本的深刻影响

材料厚度的增加会导致两方面的成本上升：首先是直接成本，即随着厚度的增加，花岗石的采购价格自然提高。其次是间接成本，包括搬运和安装成本的增加。较厚的石材更重，不仅增加了搬运的难度，还可能需要更强大的支撑结构和消耗更多的人工进行安装，这些都会降低施工效率，进而提高人工成本。因此，选择合适的花岗石厚度，既要满足设计和结构安全要求，又要考虑经济效率，是铺设项目中需要精细权衡的关键因素。

3.【利润点】石之轻舞：花岗石铺设中的运输费用之谜

在花岗石铺设项目中，材料运输费用是一个不容忽视的成本因素。对于大规模的铺贴工程，运输费用可以通过大量材料的需求得到有效摊销，单位成本随之降低。在某些情况下，材料费用甚至可以包含运输费用。相反，如果铺贴面积较小，材料需求量不大，运输费用则在总成本中占据了较高的比例，导致每平方米的铺设成本相对增加。

4.【利润点】石中迷雾：揭秘花岗石以次充好的真相

在花岗石材料采购与应用中，存在着以次充好的行为，尤其是在业主对材料鉴别不够专业的情况下。花岗石通常被分为 A 料、B 料、C 料三种等级，其中 A 料为最优质材料，C 料为较差。对于外观相似，区别主要在颜色和纹理上的芝麻灰石材，即使是专业人士也难以仅凭肉眼区分其等级。

这种情况下，施工方可能利用业主对材料细节认知的不足，使用 B 料或 C 料代替 A 料进行施工，以降低成本，增加利润。因此，业主在选择材料时，除了关注材料的基本质量外，还应重视颜色和纹理的一致性,这些细节往往是区分材料等级的关键。

在合同中明确材料等级的要求,并通过专业的第三方进行材料检验,是确保材料质量,避免以次充好现象发生的有效方法。

1)A料的芝麻灰火烧板没有色差、没有黑斑、没有石线,整体看上去十分整齐整洁,这类的火烧板价格比较贵,通常用做室内外墙面的干挂。

2)B料的芝麻灰火烧板表面没有明显的色差,没有大黑斑,没有过于明显的白色、青色石线,这类火烧板也属于质量较好的,一般一些质量要求较高的工程会选择B料火烧板铺设地面。

3)C料的芝麻灰火烧板表面可能有色差,也可能会有黑斑、石线等瑕疵,不过即便是C料也能够保证没有裂纹、表面没有破损,从使用质量上来说与A料是一样的,就是看起来没有A料、B料好看。这类的板材常用在一些公园、人行道等用量巨大的工程之上。

5.【利润点】异形石界:异形石材工程量的预算影响

在石材铺设项目中,异形石材的制作和铺设工艺远比标准石材复杂,需要专业的工人进行精细加工和安装。这不仅影响了施工的效率,也显著增加了项目的总成本。

如在投标报价时,未能准确预估异形石材的数量和加工难度,很容易导致项目成本的不可控。因此,在合同签订前应进行现场踏勘,详细评估所需异形石材的具体数量和形状。

110.5万元承包芝麻灰花岗石地面工程能赚的钱数见下表。

110.5万元承包芝麻灰花岗石地面工程能赚的钱数

序号	施工配置		数量		单价		施工效率/实际消耗量		单位面积成本/(元/m²)	总价/万元
			数量	单位	单价	单位	数量	单位		
1	人工	花岗石综合工	6500	m²	32	元/m²	18	m²/d	32.00	20.80
2	材料	花岗石	6500	m²	85	元/m²	1.02	m²/m²	86.70	56.36
3		水泥砂浆	6500	m²	380	元/m³	0.03	m³/m²	11.40	7.41
4		橡胶锤、水等其他材料费	6500	m²	1	元/m²	1	元/m²	1.00	0.65
5	机械	灰浆搅拌机、切割机	6500	m²	0.5	元/m²	—	—	0.50	0.33
6	其他费用	管理费	6500	m²	15000	项	—	—	2.31	1.50
7		坏账及其他损失	6500	m²	20000	项	—	—	3.08	2.00
8	成本价格(总数量6500m²×136.99元/m²)								136.99	89.04
9	承包价格(总数量6500m²×170元/m²)								170.00	110.50
10	总利润									21.46万元
11	利润率									19.42%

案例3:67万元承包嵌草砖工程能赚多少钱?

某园林公司承包60mm厚嵌草砖铺装工程,该工程为景观广场,承包范围包括放线、夯实、调浆、铺砖、清扫。总铺贴工程量为7000m²,工期为30d,承包单价为95元/m²(含税)。

一、施工配置

人工配置

该工程总工程量为7000m²,人工施工效率根据熟练程度有所不同,施工效率为28~32m²/d,该工程按照30m²/d考虑,总工期为30d,则需要配置人工数量为7000/30/30=7.78人,向上取整按照8人考虑。

二、成本测算(测算价格均含税)

1. 人工

经过市场询价,承包模式分为点工和包工两种模式。

点工:一般为临时性零星用工,价格为360元/d。

包工:现场多采用包工形式,根据上述需配置工人8人,施工效率为30m²/d,嵌草砖包给工人价格为:20元/m²。

提示:价格差异主要来源于,点工按天开工资,工人积极性不高,容易磨洋工,但包工按照工作量计算,工人积极性高,单日出活量多,工资就高。故现场多采用包工形式。

2. 材料

1)嵌草砖铺装工程,嵌草砖的损耗率为2%,60mm厚嵌草砖的价格是45元/m²,则单平方米60mm厚的嵌草砖费用为45×1.02=45.9(元/m²)。

2)每施工1m²的嵌草砖,需要消耗40kg特细砂,总施工的工程量为7000m²,则特细砂用量为7000×40/1000=280(t),特细砂单价为150元/t,总费用为280×150=42000(元),折合到每平方米为42000/7000=6(元/m²)。

3)橡胶锤、水等其他材料费按照1元/m²考虑。

材料成本合计:45.9+6+1=52.9(元/m²)。

3. 机械

切割机、磨边机等按照0.5元/m²考虑。

4. 其他

管理费按照1.5元/m²考虑。

坏账及其他损失费用按照1.5元/m²考虑。

其他费用合计:1.5+1.5=3(元/m²)。

总造价成本:20+52.9+0.5+3=76.4(元/m²)。

三、利润分析

单位利润：95-76.4=18.6(元/m²)。
总利润：18.6×7000=13.02(万元)。
利润率：18.6/95=19.58%。

赚钱秘方

【利润点】范围增利：嵌草砖停车位嵌边平石的增利点

嵌草砖停车位边缘采用平石铺设，与嵌草砖相比，嵌边的成本较低，但在停车位项目中，这一部分仍然按照较高的嵌草砖单价来计费，实则为项目带来了额外的成本效益。这种巧妙的材料选择和计价策略，既保证了停车位的美观和功能性，又在预算控制中实现了隐性的节约。

67万元承包嵌草砖工程能赚的钱数见下表。

67万元承包嵌草砖工程能赚的钱数

序号	施工配置		数量		单价		施工效率/实际消耗量		单位面积成本/(元/m²)	总价/万元
			数量	单位	单价	单位	数量	单位		
1	人工	嵌草砖铺装综合工	7000	m²	20	元/m²	30	m²/d	20.00	14.00
2	材料	60mm厚的嵌草砖	7000	m²	45	元/m²	1.02	m²/m²	45.90	32.13
3		特细砂	7000	m²	150	元/t	40	kg/m²	6.00	4.20
4		橡胶锤、水等其他材料费	7000	m²	1	元/m²	—	—	1.00	0.70
5	机械	切割机、磨边机等	7000	m²	0.5	元/m²			0.50	0.35
6	其他费用	管理费	7000	m²	1.5	元/m²			1.50	1.05
7		坏账及其他损失	7000	m²	1.5	元/m²			1.50	1.05
8	成本价格（总数量7000m²×76.4元/m²）								76.40	53.48
9	承包价格（总数量7000m²×95元/m²）								95.00	66.50
10	总利润									13.02万元
11	利润率									19.58%

案例4：47万元承包汀步工程能赚多少钱？

某园林公司承包汀步工程，承包范围包括清理、夯实、摆放、养护、运料、砌筑等。总工程量为1500m²，工期为25d，承包单价为310元/m²(含税)。

一、施工配置

人工配置

该工程总工程量为1500m²，人工施工效率根据熟练程度有所不同，施工效率为8~11m²/d，该工程按照9m²/d考虑，总工期为25d，则需要配置人工数量为1500/9/25=6.66（人），向上取整按照7人考虑。

二、成本测算（测算价格均含税）

1. 人工

经过市场询价，承包模式分为点工和包工两种模式。

点工：一般为临时性零星用工，价格为350元/d。

包工：现场多采用包工形式，根据上述需配置工人7人，施工效率为9m²/d，汀步工程包给工人的价格为60元/m²。

提示：价格差异主要来源于，点工按天开工资，工人积极性不高，容易磨洋工，但包工按照工作量计算，工人积极性高，单日出活量多，工资就高。故现场多采用包工形式。

2. 材料

1）汀步铺装工程，汀步损耗率为2%，芝麻灰花岗石汀步的价格为150元/m²，则芝麻灰花岗石汀步的费用为150×1.02=153（元/m²）。

2）每铺装1m²的汀步工程，需要消耗0.03m³的1:2水泥砂浆，总施工的工程量为1500m²，则1:2水泥砂浆的用量为1500×0.03=45（m³），1:2水泥砂浆的单价为380元/m³，总费用为45×380=17100（元），折算到每平方米成本为17100/1500=11.4（元/m²）。

3）汀步铺装工程汀砂厚度一般为60mm，汀砂单价为150元/m³，总费用为150×0.06=9（元/m²）。

4）橡胶锤、水等其他材料费按照1元/m²考虑。

材料成本合计：153+11.4+9+1=174.4（元/m²）。

3. 机械

切割机、磨边机等按照0.5元/m²考虑。

4. 其他

管理费按照3元/m²考虑。

坏账及其他损失费用按照2.5元/m²考虑。

其他费用合计：3+2.5=5.5（元/m²）。

总造价成本：60+174.4+0.5+5.5=240.4（元/m²）。

三、利润分析

单位利润：310-240.4=69.6(元/m²)。
总利润：69.6×1500=10.44(万元)。
利润率：69.6/310=22.45%。

赚钱秘方

【利润点】汀步秘籍：施工现场的利润增长策略

1）采用本地材料，就近取材，不仅能减少运输和采购成本，还能增加工程的地域特色和环保价值。

2）汀步的设计中融入多功能元素也是提高利润的一个有效策略。例如，将汀步设计为雨水花园的一部分，不仅优化了景观效果，还实现了雨水的自然渗透和收集，减少了灌溉需求，进一步降低了维护成本。

47万元承包汀步工程能赚的钱数见下表。

47万元承包汀步工程能赚的钱数

序号	施工配置		数量		单价		施工效率/实际消耗量		单位面积成本/(元/m²)	总价/万元
			数量	单位	单价	单位	数量	单位		
1	人工	汀步综合工	1500	m²	60	元/m²	9	m²/d	60.00	9.00
2	材料	芝麻灰花岗石汀步	1500	m²	150	元/m²	1.02	m²/m²	153.00	22.95
3		1:2水泥砂浆	1500	m²	380	元/m³	0.03	m³/m²	11.40	1.71
4		汀砂	1500	m²	150	元/m³	0.06	m³/m²	9.00	1.35
5		橡胶锤、水等其他材料费	1500	m²	1	元/m²	—	—	1.00	0.15
6	机械	切割机、磨边机等	1500	m²	0.5	元/m²	—	—	0.50	0.75
7	其他费用	管理费	1500	m²	3	元/m²	—	—	3.00	0.45
8		坏账及其他损失	1500	m²	2.5	元/m²	—	—	2.50	0.38
9	成本价格(总数量1500m²×240.4元/m²)								240.40	36.06
10	承包价格(总数量1500m²×310元/m²)								310.00	46.50
11	总利润								10.44万元	
12	利润率								22.45%	

案例5：63万元承包卵石铺地工程能赚多少钱？

某园林公司承包卵石铺地工程，该工程为一条宽4m长1.5km的卵石路面不拼花，承包范围包括洗石子、摆石子、灌浆、清水冲洗等。总工程量为6000m²，工期为50d。承包单价为 105 元/m²(含税)。

一、施工配置

人工配置

该工程总工程量为 6000m²，人工施工效率根据熟练程度有所不同，施工效率为 10～15m²/d，该工程按照 12m²/d 考虑，总工期为 50d，则需要配置人工数量为 6000/12/50 = 10(人)，则按照 10 人考虑。

二、成本测算（测算价格均含税）

1. 人工

经过市场询价，承包模式分为点工和包工两种模式。

点工：一般为临时性零星用工，价格为 380 元/d。

包工：现场多采用包工形式，根据上述需配置工人 10 人，施工效率为 12m²/d，卵石铺地包给工人价格为 48 元/m²。

提示：价格差异主要来源于，点工按天开工资，工人积极性不高，容易磨洋工，但包工按照工作量计算，工人积极性高，单日出活量多，工资就高。故现场多采用包工形式。

2. 材料

1）每铺装 1m² 的卵石地面，需要消耗 70kg 的卵石石材，铺装总工程量为 6000m²，则卵石的用量为 6000×70/1000 = 420(t)，粒径 8～10mm 的卵石单价为 220 元/t，总费用为 420×220 = 92400(元)，折合到每平方米为 92400/6000 = 15.4(元/m²)。

2）每铺装 1m² 的卵石，需要消耗 0.036m³ 的水泥砂浆，总铺装工程量为 6000m²，则水泥砂浆用量为 0.036×6000 = 216(m³)，水泥砂浆单价为 380 元/m³，总费用为 216×380 = 82080(元)，折合到每平方米为 82080/6000 = 13.68(元/m²)。

3）橡胶锤、水等其他材料费按照 1 元/m² 考虑。

材料成本合计：15.4+13.68+1 = 30.08(元/m²)。

3. 机械

灰浆搅拌机 1 台，按照 0.5 元/m² 考虑。

切割机、磨边机等，按照 0.5 元/m² 考虑。

机械费合计：0.5+0.5 = 1(元/m²)。

4. 其他

管理费按照 1.5 元/m² 考虑。

坏账及其他损失费用按照 1.5 元/m² 考虑。

其他费用合计：1.5+1.5 = 3(元/m²)。

总造价成本：$48+30.08+1+3=82.08$（元/m²）。

三、利润分析

单位利润：$105-82.08=22.92$（元/m²）。
总利润：$22.92×6000=13.75$（万元）。
利润率：$22.92/105=21.83\%$。

赚 钱 秘 方

1.【利润点】石径之谜：卵石粒径对承包价格的影响

在卵石铺设项目中，粒径大小直接影响施工效率和成本，进而决定了承包价格。小粒径的卵石因为在铺设时需要更精细的布局和定位，导致单日施工出活量降低。此外，小粒径卵石在铺设过程中，对施工精度和美观度的要求更高，需要施工人员具有更高的技艺和更细致的工作态度。使得使用小粒径卵石的施工成本相比大粒径卵石要高，因此在报价时单价也相应更高。

此外，小粒径卵石的铺设还可能需要更多的辅助材料和工时来保证铺设质量，如使用更多的模板或更频繁的调整，以达到设计要求。因此，施工队在预算和报价时需要细致考虑卵石的粒径选择，以确保项目既能满足设计要求，又能在成本控制上实现最优化。

2.【利润点】艺术之石：卵石铺地图案与工艺对成本的影响

当卵石铺设涉及特定图案或特殊工艺时，这不仅是一场对美学的追求，也是施工成本和效率的一个转折点。铺设带有图案的卵石地面，需要工人们具备更高的技艺，进行更为精细和复杂的布局规划，从而使得施工效率相比传统的随机铺设方式大幅降低。这不仅增加了人工成本，也延长了施工时间。

此外，如果铺地工艺中还包含特殊的处理方法，如颜色渐变、表面抛光等，这些额外的工序同样会提升项目的成本。

63 万元承包卵石铺地工程能赚的钱数见下表。

63 万元承包卵石铺地工程能赚的钱数

序号	施工配置		数量		单价		施工效率/实际消耗量		单位面积成本/(元/m²)	总价/万元
			数量	单位	单价	单位	数量	单位		
1	人工	卵石铺地综合工	6000	m²	48	元/m²	12	m²/d	48.00	28.80
2	材料	卵石石材	6000	m²	220	元/t	70	kg/m²	15.40	9.24
3		水泥砂浆	6000	m²	380	元/m³	0.036	m³/m²	13.68	8.21
4		橡胶锤、水等其他材料费	6000	m²	1	元/m²	—	—	1.00	0.60

（续）

序号	施工配置		数量		单价		施工效率/实际消耗量		单位面积成本/(元/m²)	总价/万元
			数量	单位	单价	单位	数量	单位		
5	机械	灰浆搅拌机	6000	m²	0.5	元/m²	—		0.50	0.30
6		切割机、磨边机等	6000	m²	0.5	元/m²	—		0.50	0.30
7	其他费用	管理费	6000	m²	1.5	元/m²	—		1.50	0.90
8		坏账及其他损失	6000	m²	1.5	元/m²	—		1.50	0.90
9	成本价格（总数量6000m²×82.08元/m²）								82.08	49.25
10	承包价格（总数量6000m²×105元/m²）								105.00	63.00
11	总利润								13.75 万元	
12	利润率								21.83%	

案例6：108万元承包80cm厚的满铺碎石驳岸工程能赚多少钱？

某园林公司承包满铺碎石驳岸工程，承包范围包括洗石子、摆石子、调浆、清水冲洗等。总工程量为4500m²，工期为50d，承包单价为240元/m²（含税）。

一、施工配置

人工配置

该工程总工程量为4500m²，人工的施工效率根据熟练程度不同，施工效率为4~8m²/d，该工程按照6m²/d考虑，总工期为50d，则需要配置人工数量为4500/6/50＝15（人），则按照15人考虑。

二、成本测算（测算价格均含税）

1. 人工

经过市场询价，承包模式分为点工和包工两种模式。

点工：一般为临时性零星用工，价格为360元/d。

包工：现场多采用包工形式，根据上述需配置工人15人，施工效率为6m²/d，80cm厚的满铺碎石驳岸包给工人价格为100元/m²。

提示：价格差异主要来源于，点工按天开工资，工人积极性不高，容易磨洋工，但包工按照工作量计算，工人积极性高，单日出活量多，工资就高。故现场多采用包工形式。

2. 材料

满铺碎石驳岸工程，碎石的损耗率为 2%，碎石单价为 80 元/m^3，则铺贴 80cm 厚的碎石单价为 80×0.8×1.02＝65.28（元/m^2）。

每铺装 1m^2 的满铺碎石驳岸，需要消耗 0.052m^3 水泥砂浆，总铺装的工程量为 4500m^2，则水泥砂浆的用量为 4500×0.052＝234（m^3），水泥砂浆的单价为 380 元/m^3，总费用为 380×234＝88920（元），折合到每平方米为 88920/4500＝19.76（元/m^2）。

其他材料费按照 1 元/m^2 考虑。

材料成本合计为：65.28+19.76+1＝86.04（元/m^2）。

3. 其他

管理费按照 2 元/m^2 考虑。

坏账及其他损失费用按照 1.5 元/m^2 考虑。

其他费用合计：2+1.5＝3.5（元/m^2）。

总造价成本：100+86.04+3.5＝189.54（元/m^2）。

三、利润分析

单位利润：240−189.54＝50.46（元/m^2）。

总利润：50.46×4500＝22.71（万元）。

利润率：50.46/240＝21.03%。

赚钱秘方

1.【利润点】高度与远度：驳岸石材成本的双重挑战

在驳岸工程中，石材的运输距离和垂直高度对于项目的单价产生了显著影响。由于石材本身的重量较大，长距离运输以及施工现场的垂直搬运无疑增加了运输成本和人工成本。特别是在难以接近的驳岸工程地点，运输难度的增加，直接反映在单价的提升上。

机械搬运虽然效率高，但在某些地形复杂或空间狭窄的场地，可能无法实施，这时只能依靠人工搬运，进一步增加了劳动成本。此外，垂直搬运，无论是使用起重机等机械还是人力，都会因为操作复杂和安全风险而增加额外成本。

2.【利润点】石之狭间：驳岸石材勾缝工艺及其对成本的微妙影响

在驳岸工程中，石材之间的勾缝处理不仅关系到整体结构的稳定性和防水性，也是影响工程成本的一个关键因素。勾缝材料的选择、填充密度，以及最后的整理工作，都需要精细操作和专业技能，从而直接影响到施工的工时和所需材料成本。

由于勾缝工艺对施工细节的高要求，相较于仅仅堆砌石材而言，勾缝明显提高了人工和材料成本。特别是在使用高性能的勾缝材料，如环氧树脂等现代化材料时，其成本更是一笔不小的开销。此外，勾缝工艺还需要考虑石材铺设后的美观性，不当的勾缝方法可能会影响驳岸的最终视觉效果，导致额外的修正成本。

3.【利润点】水流石立：驳岸施工中水源与技艺对成本的双重影响

驳岸工程的特殊性在于它直接面对水域，这使得水的供应和石材的码放技术成为影响工程进度和成本的关键因素。

首先，水的供应对于混凝土浇筑、石材清洗和其他湿作业至关重要。水源的便利性直接关联到施工效率和成本，远距离供水或供水条件差将显著增加物流和时间成本，进而提高整体工程的单价。

其次，码石头技术是构建驳岸结构的基础。作为一种高度依赖经验的技艺，码石工的技能水平直接影响石材的利用率和施工速度，进而影响到工程的整体成本和进度。熟练的码石工能够有效地利用每一块石头，最大限度地发挥其结构和美观价值，减少浪费，而不熟练的码石工可能会导致石材的不必要损耗，增加额外的成本负担。

108万元承包80cm厚的满铺碎石驳岸工程能赚的钱数见下表。

108万元承包80cm厚的满铺碎石驳岸工程能赚的钱数

序号	施工配置		数量		单价		施工效率/实际消耗量		单位面积成本/(元/m²)	总价/万元
			数量	单位	单价	单位	数量	单位		
1	人工	碎石综合工	4500	m²	100	元/m²	6	m²/d	100.00	45.00
2	材料	碎石	4500	m²	80	元/m³	1.02	m²/m²	65.28	29.38
3		水泥砂浆	4500	m²	380	元/m³	0.052	m³/m²	19.76	8.89
4		其他材料费	4500	m²	1	元/m²	—	—	1.00	0.45
5	其他费用	管理费	4500	m²	2	元/m²			2.00	0.90
6		坏账及其他损失	4500	m²	1.5	元/m²			1.50	0.68
7	成本价格（总数量4500m²×189.54元/m²）								189.54	85.29
8	承包价格（总数量4500m²×240元/m²）								240.00	108.00
9	总利润									22.71万元
10	利润率									21.03%

案例7：20万元承包混凝土仿石面层工程能赚多少钱？

某园林公司承包铺装混凝土仿石面层工程，该工程为宽5m长800m的仿石砖面层，承包范围包括放线、整修路槽、夯实、修平垫层、调浆、铺面层、嵌缝、清扫。总工程量为4000m²，工期为15d，承包单价为48元/m²（含税）。

一、施工配置

1. 人工配置

该工程总工程量为 4000m²，人工施工效率根据熟练程度有所不同，施工效率为 55~60m²/d，本项目按照 58m²/d 考虑，总工期为 15d，则需要配置人工数量为 4000/58/15 = 4.6（人），向上取整按照 5 人考虑。

2. 机械配置

200L 灰浆搅拌机 1 台。

二、成本测算（测算价格均含税）

1. 人工

经过市场询价，承包模式分为点工和包工两种模式。

点工：一般为临时性零星用工，价格为 370 元/d。

包工：现场多采用包工形式，根据上述需配置工人 5 人，施工效率为 58m²/d，混凝土仿石面层包给工人的价格是 10 元/m²。

提示：价格差异主要来源于，点工按天开工资，工人积极性不高，容易磨洋工，但包工按照工作量计算，工人积极性高，单日出活量多，工资就高。故现场多采用包工形式。

2. 材料

1）每铺装 1m² 的仿石面层，需要消耗 0.05m³ 的水泥砂浆，总铺装工程量为 4000m²，则水泥砂浆用量为 4000×0.05 = 200（m³），水泥砂浆单价为 380 元/m³，总费用为 200×380 = 76000（元）；折合到每平方米为 76000/4000 = 19（元/m²）。

2）一包 30kg 的强化料 50 元左右，能压花 10m² 左右，每平方米为 50/10 = 5（元/m²）。

3）印花磨具等其他材料按照 1 元/m² 考虑。

材料合计：19+5+1 = 25（元/m²）。

3. 机械

200L 灰浆搅拌机按照 0.5 元/m² 考虑。

4. 其他

管理费按照 1 元/m² 考虑。

坏账及其他损失费按照 0.5 元/m² 考虑。

其他费用合计：1+0.5 = 1.5（元/m²）。

总造价成本：10+25+0.5+1.5 = 37（元/m²）。

三、利润分析

单位利润：48-37=11(元/m²)。
总利润：11×4000=4.4(万元)。
利润率：11/48=22.92%。

赚钱秘方

【利润点】石影浮光：混凝土仿石面层中压花模具的费用思考

混凝土仿石面层工艺，通过特制的压花磨具在混凝土表面形成石材纹理，是现代园林和建筑领域常用的一种美化技术。这种技术既能模拟自然石材的美感，又能降低成本，提高施工效率。然而，压花模具的费用及其摊销对项目成本有着直接影响。

在混凝土仿石施工中，模具通常由强化料供应商在提供材料时赠送。但对于面积较小的项目，则需要单独购买模具，这意味着成本会增加。相反，面积较大的项目可以更高效地摊销这一成本，从而降低施工成本。

20万元承包混凝土仿石面层工程能赚的钱数见下表。

20万元承包混凝土仿石面层工程能赚的钱数

序号	施工配置		数量		单价		施工效率/实际消耗量		单位面积成本/(元/m²)	总价/万元
			数量	单位	单价	单位	数量	单位		
1	人工	面层综合工	4000	m²	10	元/m²	58	m²/d	10.00	4.00
2	材料	水泥砂浆	4000	m²	380	元/m³	0.05	m³/m²	19.00	7.60
3		强化料	4000	m²	50	元/30kg	10	m²/30kg	5.00	2.00
4		印花磨具等其他材料费	4000	m²	1	元/m²	—		1.00	0.40
5	机械	200L灰浆搅拌机	4000	m²	0.5	元/m²	—		0.50	0.20
6	其他费用	管理费	4000	m²	1	元/m²	—		1.00	0.40
7		坏账及其他损失费	4000	m²	0.5	元/m²	—		0.50	0.20
8	成本价格(总数量4000m²×37元/m²)								37.00	14.80
9	承包价格(总数量4000m²×48元/m²)								48.00	19.20
10	总利润								4.40万元	
11	利润率								22.92%	

案例8：164万元承包路牙铺设工程能赚多少钱？

某园林公司承包道路花岗石路牙铺设工程，承包道路长度为10km，两侧道牙。承包范围内容包括弹线、选砖、套规格、砍磨砖件、挖沟槽、铺灰浆、铺砖块料、回填、勾缝等。总工程量为10×1000×2=20000(m)，工期为45d，承包单价为82元/m(含税)。

一、施工配置

1. 人工配置

该工程的总工程量为20000m，人工施工效率根据熟练程度有所不同，施工效率为25~30m/d，该工程按照28m/d考虑，总工期为45d，则需要配置人工数量为20000/28/45=15.87(人)，则向上取整数按16人考虑。

2. 机械配置

200L灰浆搅拌机1台。

二、成本测算（测算价格均含税）

1. 人工

1) 经过市场询价，承包模式分为点工和包工两种模式。

点工：一般为临时性零星用工，价格为350元/d。

包工：现场多采用包工形式，根据上述需配置工人16人，施工效率为28m/d，路牙铺设给工人价格为18元/m。

2) 靠背浇筑混凝土2元/m。

3) 模板安拆含材料费4元/m。

人工费合计：18+2+4=24(元/m)。

提示：价格差异主要来源于，点工按天开工资，工人积极性不高，容易磨洋工，但包工按照工作量计算，工人积极性高，单日出活量多，工资就高。故现场多采用包工形式。

2. 材料

1) 路缘石铺装工程，路缘石损耗率为1%，规格为150mm×250mm的路缘石单价是35元/m，则每米路缘石的费用为35×1.01=35.35(元/m)。

2) 每铺装1m的路缘石需要消耗0.001m^3的水泥砂浆，总铺装工程量为20000m，则水泥砂浆的用量为0.001×20000=20(m^3)，水泥砂浆的单价为380元/m^3，总费用为380×20=7600(元)，折合到每米为7600/20000=0.38(元/m)。

3）其他材料费按照 1 元/m 考虑。

材料费合计：35.35+0.38+1=36.73（元/m）。

3. 机械

路缘石夹具、200L 灰浆搅拌机按照 1 元/m 考虑。

4. 其他

管理费按照 0.5 元/m 考虑。

坏账及其他损失费按照 0.5 元/m 考虑。

其他费用合计：0.5+0.5=1（元/m）。

总造价成本：24+36.73+1+1=62.73（元/m）。

三、利润分析

单位利润：82-62.73=19.27（元/m）。

总利润：19.27×20000=38.54（万元）。

利润率：19.27/82=23.5%。

赚钱秘方

1.【利润点】边界之问：混凝土路缘石靠背是否施工的质疑与挑战

靠背，即路缘石背后与路基紧密结合的部分，其施工质量不仅影响到路缘石的稳定性和耐久性，还直接关联到整个项目的经济效益。

很多施工单位经常省略靠背施工或采取降低规格进行施工，低成本的施工方法看似可以短期内降低成本，但从长远来看，这种做法可能会导致路缘石稳定性和耐用性下降，进而增加后期的维护和修复费用。这种短视的成本节省策略，最终会因为频繁的维护和更换，导致总成本显著增加。

2.【利润点】路缘大小：路缘石型号对成本和施工效率的影响

路缘石的型号选择，特别是尺寸大小，是影响项目单价和施工效率的重要因素。大型路缘石因材料本身成本较高而单价更贵，同时，其在搬运和安装过程中也需要更多的劳力和时间，导致施工效率降低。

大尺寸路缘石的施工，往往依赖于机械设备进行搬运和定位，而机械的使用增加了项目的运营成本。此外，大尺寸路缘石在安装过程中对精度的要求较高，稍有不慎就可能导致不齐整或需要重新调整，这不仅影响施工速度，还可能增加成本。

3.【利润点】双石记：路缘石与平石成本的微妙差异

路缘石与平石由于不同的功能和应用场景，其价格也存在显著差异。一般情况路缘石价格为 12 元/m，平石价格为 6 元/m，这一价格差异反映了两种材料成本的不同，在进行组价时，要区分考虑。

164万元承包路牙铺设工程能赚的钱数见下表。

164万元承包路牙铺设工程能赚的钱数

序号	施工配置		数量		单价		施工效率/实际消耗量		单位长度成本/(元/m)	总价/万元
			数量	单位	单价	单位	数量	单位		
1	人工	路牙铺设综合工	20000	m	18	元/m	28	m/d	18.00	36.00
2		靠背浇筑混凝土	20000	m	2	元/m	28	m/d	2.00	4.00
3		模板安拆含材料费	20000	m	4	元/m	28	m/d	4.00	8.00
4	材料	150mm×250mm的路缘石	20000	m	35	元/m	1.01	m/m	35.35	70.70
5		水泥砂浆	20000	m	380	元/m³	0.001	m³/m	0.38	0.76
6		其他材料费	20000	m	1	元/m	—	—	1.00	2.00
7	机械	路缘石夹具、200L灰浆搅拌机	20000	m	1	元/m	—	—	1.00	2.00
8	其他费用	管理费	20000	m	0.5	元/m	—	—	0.50	1.00
9		坏账及其他损失费	20000	m	0.5	元/m	—	—	0.50	1.00
10	成本价格(总数量20000m×62.73元/m)								62.73	125.46
11	承包价格(总数量20000m×82元/m)								82.00	164.00
12	总利润								38.54万元	
13	利润率								23.50%	

案例9：14万元承包树池围牙工程能赚多少钱？

某园林公司承包树池围牙工程，树池围牙为1.2m×1.2m正方形围牙，共500组树池。承包范围包括放线、平基、运料、调制砂浆、安砌、勾缝、清理、养护。总工程量为1.2×4×500＝2400(m)，工期为15d，承包单价为58元/m(含税)。

一、施工配置

人工配置

该工程总工程量为2400m，人工施工效率根据熟练程度有所不同，施工效率为48~52m/d，该工程按照50m/d考虑，总工期为15d，则需要配置人工数量为2400/50/15＝3.2(人)，向下取整按照3人考虑。

二、成本测算(测算价格均含税)

1. 人工

经过市场询价，承包模式分为点工和包工两种模式。

点工：一般为临时性零星用工，价格为 380 元/d。

包工：现场多采用包工形式，根据上述需配置工人 3 人，施工效率为 50m/d，1.2m×1.2m 正方形的树池围牙包给工人价格为 10 元/m。

提示：价格差异主要来源于，点工按天开工资，工人积极性不高，容易磨洋工，但包工按照工作量计算，工人积极性高，单日出活量多，工资就高。故现场多采用包工形式。

2. 材料

1）围牙铺装工程，天然青石树池围牙损耗率 1.02%，规格为 600mm×150mm×50mm 的树池围牙单价为 20 元/块，则每米价格为 1/0.6×20×1.02=34（元/m）。

2）每施工 1m 的树池围牙，需要消耗 0.0003m^3 的水泥砂浆，总施工量为 2400m，则水泥砂浆用量为 2400×0.0003=0.72（m^3），水泥砂浆单价为 380 元/m^3，总费用为 0.72×380=273.6（元），折合到每米为：273.6/2400=0.11（元/m）。

3）其他材料费按照 1 元/m 考虑。

材料成本合计：34+0.11+1=35.11（元/m）。

3. 其他

管理费：0.5 元/m。

坏账及其他损失：0.5 元/m。

其他费用合计：0.5+0.5=1（元/m）。

总造价成本：10+35.11+1=46.11（元/m）。

三、利润分析

单位利润：58-46.11=11.89（元/m）。

总利润：11.89×2400=2.85（万元）。

利润率：11.89/58=20.5%。

赚钱秘方

1.【利润点】铺就绿意：树池安装在铺道费用中的造价逻辑

在施工项目的成本控制中，合理安排树池安装与道路铺设的费用关系，是提高利润的关键。

一方面，把树池费用融入铺道总成本，通过规模经济控制成本，适合标准化项目，能简化预算，提高成本效率。

另一方面，对于要求个性化高、质量标准严的项目，单独列出树池安装费用，虽看似增加了直接成本，但能确保项目的定制性和高质量完成，为施工企业带来更高的价值和利润回报。

2.【利润点】夏季高温：夏季施工的价格调适

夏季高温，室外作业的工人，施工效率大大降低，人工单价及补助提高，同时高温要求采取额外的人员防护措施，如增加防晒、降温设备和提供更频繁的休息时间，这些都会导致劳动力成本上升。

此外，高温天气可能影响施工进度，特别是在最热时段需要避免户外作业，从而延长工期。工期的延长又会带来间接成本的增加，如管理费、场地租赁费等的上升。

14万元承包树池围牙工程能赚的钱数见下表。

14万元承包树池围牙工程能赚的钱数

序号	施工配置		数量		单价		施工效率/实际消耗量		单位长度成本/(元/m)	总价/万元
			数量	单位	单价	单位	数量	单位		
1	人工	围牙综合工	2400	m	10	元/m	50	m/d	10.00	2.40
2	材料	600mm×150mm×50mm 天然青石树池围牙	2400	m	20	元/块	1.7	块/m	34.00	8.16
3		水泥砂浆	2400	m	380	元/m³	0.0003	m³/m	0.11	0.03
4		其他材料费	2400	m	1	元/m	—	—	1.00	0.24
5	其他费用	管理费	2400	m	0.5	元/m	—	—	0.50	0.12
6		坏账及其他损失	2400	m	0.5	元/m	—	—	0.50	0.12
7	成本价格（总数量2400m×46.11元/m）								46.11	11.07
8	承包价格（总数量2400m×58元/m）								58.00	13.92
9	总利润									2.85万元
10	利润率									20.50%

案例10：24万元承包防腐木栈道工程能赚多少钱？

某园林公司承包防腐木栈道工程，该木栈道宽3m，长500m，承包范围包括：①放样、选料、运料、画线、起线凿眼、齐头、弹安装线、标示安装号、试装等；②垂直起重、吊线、修整榫卯、入位、校正、临时支撑、钉齐头、安装完成后拆线、拆拉杆等。总工程量为1500m²，工期为20d，承包单价为160元/m²(含税)。

一、施工配置

人工配置

该工程总工程量为1500m²，人工施工效率根据熟练程度有所不同，施工效率为10~15m²/d，该工程按照12m²/d考虑，总工期为20d，则需要配置人工数量为1500/12/20＝6.25(人)，向下取整按照6人考虑。

二、成本测算（测算价格均含税）

1. 人工

经过市场询价，承包模式分为点工和包工两种模式。

点工：一般为临时性零星用工，价格为 340 元/d。

包工：现场多采用包工形式，根据上述需配置工人 6 人，施工效率为 12m²/d，防腐木栈道包给工人价格为 48 元/m²。

提示：价格差异主要来源于，点工按天开工资，工人积极性不高，容易磨洋工，但包工按照工作量计算，工人积极性高，单日出活量多，工资就高。故现场多采用包工形式。

2. 材料

1）防腐木栈道铺装工程，损耗率 1.5%，2cm 厚的木栈道面板市场价格 60 元/m²，则每平方米的防腐木栈道费用为 1.015×60＝60.9（元/m²）。

2）3mm×5mm 的龙骨，每平方米配 2.5m，10 元/m²。

3）钉子、木油等其他材料，每平方米按照 5 元/m² 考虑。

材料费合计：60.9+10+5＝75.9（元/m²）。

3. 其他

管理费按照 1 元/m² 考虑。

坏账及其他损失按照 0.5 元/m² 考虑。

其他费用合计：1+0.5＝1.5（元/m²）。

总造价成本：48+75.9+1.5＝125.4（元/m²）。

三、利润分析

单位利润：160－125.4＝34.6（元/m²）。

总利润：34.6×1500＝5.19（万元）。

利润率：34.6/160＝21.63%。

赚钱秘方

1.【利润点】木语成本：防腐地面铺设项目的地形成本差异

防腐木地面铺设项目的成本受多种因素影响，其中地形选择是一个重要的成本变量。地形为水面、平路或山路对施工难度、材料需求和施工时间有直接影响，进而影响总成本和单价。

水面：铺设在水面上的防腐木地面需要额外的结构支撑和固定措施，以确保木材能够稳定并抵抗水流带来的侵蚀。如防腐处理更深入，增强支撑结构，还需要特殊的施工技术和设备，从而提高了施工成本。

平路：相对而言，平路上的防腐木地面铺设较为简单，地面准备工作少，施工难度和成本较低。但地面处理和排水系统设计仍需细致，以防水分滞留导致木材腐蚀。

山路：在不平坦的山路上铺设防腐木地面，施工难度和技术要求较高。可能需要进行地形调整和加固，以适应地形变化和确保木地面的稳定性。山路的施工还要考虑到材料的运输和搬运问题，这些因素都会显著增加施工成本。

2.【利润点】规模效益：施工面积大小与成本高低的底层逻辑

在防腐木栈道项目中，承包面积的大小对成本有着直接而复杂的影响。一般而言，项目面积的增加，虽然提高了材料和人工的总需求，但同时也激活了规模效益，从而在单位成本上实现了下降。

材料成本下降：大规模项目允许施工方以批量采购的方式购买材料，这通常能够获得更优惠的价格，降低每平方米的材料成本。此外，大批量采购还可以减少物流成本，进一步降低项目整体成本。

人工效率提升：随着项目面积的扩大，施工团队可以更有效地组织工作，如通过分工明确和流程优化，提高人工效率。大型项目还有可能使用到自动化设备，这虽然增加了设备成本，但通过提高施工速度，降低了单位面积的人工成本。

管理与时间成本的优化，机械费用的分摊：较大的项目面积使得项目管理更加集中，可以更有效地分配管理资源和施工资源，减少重复性和间歇性作业的时间损失，从而在更长的周期内分摊固定成本，如设备租赁费和场地管理费，实现单位成本的降低。

3.【利润点】构造差异：栈道面板的固定之选

在防腐木栈道的建设中，面板固定方式选择明钉还是卡件是一个关键的技术决策点，直接影响到栈道的美观、安全以及维护成本。

采用明钉固定防腐木面板，其优点在于安装简便快捷，成本相对较低。然而，随着时间的推移，明钉可能会因为木材的自然膨胀或收缩而松动，这不仅影响栈道的使用寿命，还可能对行走者造成安全隐患。此外，明钉头暴露在外，虽有一定的防滑效果，但长期暴露于户外环境中可能导致锈蚀，影响美观和安全。

使用卡件固定方式，虽然初期投资相对较高，需要特定的卡件和安装工艺，但这种隐藏式的固定方式能够提供更为平整美观的表面，减少了脚部受伤的风险。卡件固定的栈道面板更容易进行更换，便于未来的维护和修理。此外，由于没有暴露在外的钉头，减少了因锈蚀造成的维护工作，延长了栈道的整体使用寿命。

4.【利润点】坡度成本：陡峭山地对防腐木地板龙骨的施工影响

在山地环境中施工防腐木地板，地形的陡峭程度是影响龙骨搭设难度及成本的关键因素。陡峭的山地不仅要求龙骨设计必须适应不平坦的地面，还需采用特殊的固定方式确保稳定性，这些都会直接增加施工难度和成本。

施工难度：在陡峭的山地上搭设龙骨，需要进行更为复杂的地形测量和预处理，以确保龙骨的水平和稳定。施工团队可能需要使用额外的支撑结构或进行地形改造，以适应地形的特殊要求。

材料成本：陡峭的地形可能要求使用更长、更坚固的龙骨材料，或增加固定龙骨的配件和辅助结构，如深入地基的锚杆等，这将直接增加材料成本。

人工成本：复杂地形的施工环境对施工人员的技能要求较高，可能需要更多的专业技术人员参与。同时，陡峭地形的安全风险管理和防护措施也会增加人工成本。

时间成本：陡峭地形下的施工进度相较于平坦地形通常更慢，因为每一步操作都需要更谨慎，确保安全和结构稳定，这意味着整个项目的完成时间会延长，从而影响到时间成本。

24万元承包防腐木栈道工程能赚的钱数见下表。

24万元承包防腐木栈道工程能赚的钱数

序号	施工配置		数量		单价		施工效率/实际消耗量		单位面积成本/(元/m²)	总价/万元
			数量	单位	单价	单位	数量	单位		
1	人工	栈道综合工	1500	m²	48	元/m²	12	m²/d	48.00	7.20
2	材料	2cm厚的防腐木栈道面板	1500	m²	60	元/m²	1.015	m²/m²	60.90	9.14
3		30mm×50mm的龙骨	1500	m²	10	元/m²	2.5	m/m²	10.00	1.50
4		钉子、木油等其他材料	1500	m²	5	元/m²	—	—	5.00	0.75
5	其他费用	管理费	1500	m²	1	元/m²	—	—	1.00	0.15
6		坏账及其他损失	1500	m²	0.5	元/m²	—	—	0.50	0.08
7	成本价格（总数量1500m²×125.4元/m²）								125.40	18.81
8	承包价格（总数量1500m²×160元/m²）								160.00	24.00
9	总利润								5.19万元	
10	利润率								21.63%	

案例11：24万元承包防腐木栏杆工程能赚多少钱？

某园林公司承包防腐木栏杆工程，该栏杆长1000m，高1.2m，承包范围包括清理基底层、试排弹线、栏杆安装、防护、清理等全过程。总工程量为1000m，工期为20d，承包单价为235元/m(含税)。

一、施工配置

人工配置

该工程总工程量为1000m，人工施工效率根据熟练程度有所不同，施工效率为8~

12m/d，本项目按照 10m/d 考虑，总工期为 20d，则需要配置人工数量为 1000/10/20 = 5(人)，按照 5 人考虑。

二、成本测算（测算价格均含税）

1. 人工

经过市场询价，承包模式分为点工和包工两种模式。

点工：一般为临时性零星用工，价格为 360 元/d。

包工：现场多采用包工形式，根据上述需配置工人 5 人，施工效率为 10m/d，防腐木栏杆包给工人价格为 58 元/m（包括混凝土基墩浇筑、土方开挖等）。

提示：价格差异主要来源于，点工按天开工资，工人积极性不高，容易磨洋工，但包工按照工作量计算，工人积极性高，单日出活量多，工资就高。故现场多采用包工形式。

2. 材料

1）国标樟子松栏杆的费用为 95 元/m。

2）C15 混凝土基础每 1m 设置 1 个，规格为 $0.4 \times 0.4 \times 0.4 = 0.064(m^3)$，C15 混凝土价格为 380 元/$m^3$，则铺装每米栏杆所需混凝土价格为 $0.064 \times 380 = 24.32$（元/m）。

3）钉子、木油，按照 4 元/m 考虑。

4）其他材料费按照 0.5 元/m 考虑。

材料合计：$95 + 24.32 + 4 + 0.5 = 123.82$（元/m）。

3. 其他

管理费按照 1 元/m 考虑。

坏账及其他损失按照 0.5 元/m 考虑。

其他费用合计：$1 + 0.5 = 1.5$（元/m）。

总造价成本：$58 + 123.82 + 1.5 = 183.32$（元/m）。

三、利润分析

单位利润：$235 - 183.32 = 51.68$（元/m）。

总利润：$51.68 \times 1000 = 5.17$（万元）。

利润率：$51.68/235 = 21.99\%$。

赚钱秘方

1.【利润点】预制与现制：防腐木栏杆单价的关键影响

防腐木栏杆是否采用预制件，在决定项目单价上扮演着重要角色。预制防腐木栏杆在制造厂商预先完成生产和处理，具有一系列优点，包括施工速度快、质量易于控制和标准化程度高，这些都直接影响到成本和单价。

规模生产：预制栏杆可以大规模生产，通过规模经济降低单位成本。相比现场制作，预制件减少了现场加工所需的人工和设备投入，从而降低了施工成本。

质量控制：在工厂环境中预先完成的预制件质量更加可控，减少了现场环境因素对成品质量的影响。高质量的产品减少了后期维护和更换的成本，从长期来看有助于降低整体成本。

设计灵活性：预制栏杆提供了更多的设计选择和定制化选项，满足不同项目的需求。虽然定制化设计可能略微增加单价，但通过批量生产和高效安装，仍然能够控制成本，提高项目的整体价值。

2.【利润点】图集定价术：栏杆、廊架、亭子，参考标准图集的双刃剑

如亭子，参考图集某页某四角亭做法，在指定清单审核时，可直接对该项清单进行描述，参考图集等，在做清单报价时，可以按照一个亭子补充一项定额补进去即可，因为亭子的价格，大部分来源于市场询价，厂家按照规范报价，能准确地知道一座亭子多少钱，这样形成的价格也比较有说服力。

但有一个不利的地方，如果后期亭子某部位发生变更，尤其是在后期设计调整时，原先的综合单价可能无法覆盖新增或变更部分的成本，导致预算和实际支出之间出现偏差，这时候建议要拆开组价，避免后期因为综合单价产生争议。廊架、栏杆、景墙也是一样的道理。

24万元承包防腐木栏杆工程能赚的钱数见下表。

24万元承包防腐木栏杆工程能赚的钱数

序号	施工配置		数量		单价		施工效率/实际消耗量		单位长度成本/(元/m)	总价/万元
			数量	单位	单价	单位	数量	单位		
1	人工	栈道综合工	1000	m	58	元/m	10	m/d	58.00	5.80
2	材料	国标樟子松栏杆	1000	m	95	元/m	—	—	95.00	9.50
3		C15混凝土	1000	m	380	元/m³	0.064	m³/个	24.32	2.43
4		钉子、木油	1000	m	4	元/m	—	—	4.00	0.40
5		其他材料费	1000	m	0.5	元/m	—	—	0.50	0.05
6	其他费用	管理费	1000	m	1	元/m	—	—	1.00	0.10
7		坏账及其他损失	1000	m	0.5	元/m	—	—	0.50	0.05
8	成本价格(总数量1000m×183.32元/m)								183.32	18.33
9	承包价格(总数量1000m×235元/m)								235.00	23.50
10	总利润								5.17万元	
11	利润率								21.99%	

案例 12：25 万元承包整理绿化用地工程能赚多少钱？

某园林公司承包整理绿化用地工程，承包范围包括铲除地被植物及根、清理场地、就近堆放整齐。总工程量为 55000m²，工期为 30d，承包单价为 4.5 元/m²（含税）。

一、施工配置

人工配置

该工程的总工程量为 55000m²，人工的施工效率根据熟练程度有所不同，施工效率为 178～182m²/d，本项目按照 180m²/d 考虑，总工期为 30d，则需要配置人工数量为 55000/180/30＝10.2（人），向下取整数按照 10 人考虑。

二、成本测算（测算价格均含税）

1. 人工

经过市场询价，承包模式分为点工和包工两种模式。

点工：一般为临时性零星用工，价格为 370 元/d。

包工：现场多采用包工形式，根据上述需配置工人 10 人，施工效率为 180m²/d，整理绿化用地包给工人价格为 3 元/m²。

提示：价格差异主要来源于，点工按天开工资，工人积极性不高，容易磨洋工，但包工按照工作量计算，工人积极性高，单日出活量多，工资就高。故现场多采用包工形式。

2. 其他

管理费及坏账按照 0.5 元/m² 考虑。

其他费用合计：0.5 元/m²。

总造价成本：3+0.5＝3.5（元/m²）。

三、利润分析

单位利润：4.5-3.5＝1（元/m²）。

总利润：1×55000＝5.5（万元）。

利润率：1/4.5＝22.22%。

赚钱秘方

1.【利润点】绿意之下：绿地整理中的单价隐藏变量

1）挖树根是否在范围之内。挖树根单价较高，绿化整理单价的构成不仅涉及土壤处理、种植准备等基础工作，还可能包含去除原有植被、挖除树根等额外工序。

挖树根的工作通常意味着需要额外的人力、机械使用以及可能的树根处理费用，从而提高了绿化用地整理的总体成本。如果这项工作在项目预算中被忽略，可能会导致实际成本超出预算，影响项目的财务管理和进度。

2）地被复杂程度。在绿化用地整理的成本计算中，不同的地被类型如草地、灌木丛、杂草密布区或是树木遍布的地区，对于整理工作的复杂度和所需劳动力、设备的需求量有着显著影响，进而直接影响整理工作的单价。

地被状况越复杂，如密集的灌木或老旧的树根，清理和准备工作的难度就越大，需要更多的人力和机械投入，如专业的树根挖除设备和更多的废弃物处理。这不仅增加了直接成本，还可能因工期延长而增加间接成本，如管理费用和租赁费用等。

相反，如果地被相对单一，如仅覆盖低矮的草坪或杂草，其清理工作会相对简单快捷，对设备和人力的需求较少，从而在成本上更为经济。

因此，在编制绿化用地整理的预算时，需要进行现场踏勘，仔细评估地被类型、密集程度和分布范围等因素，以确保成本预算的准确性和项目预算的充分性。

2.【利润点】虚实之间：绿化用地树木外运的成本游戏

在绿化用地整理过程中，树木的外运作为一个必不可少的环节，其成本计算带有特定的复杂性。这其中一个关键因素是虚实系数的考虑，即由于树干堆放时存在空隙，导致实际装载的树木体积与运输车辆容积之间存在差异。这种差异对于外运价格和成本的计算有着直接影响。

为了准确反映外运成本，在投标报价时需要考虑虚实系数的应用和计算方式，确保外运成本的透明和公正。

3.【利润点】精算之道：灌木面积扣除与成本控制

在绿化用地整理项目中，土方平整工程量的精确计算是成本控制的关键环节。特别是涉及灌木面积时，正确扣除这部分面积不仅是计算精度的体现，也是避免成本重复计入的重要措施。由于部分地区灌木栽植的定额已经包含了相应区域的土方平整费用，因此，在进行总体土方工程量计算时应仔细分析当地定额灌木是否包括平整费用，应避免对这一部分的重复计费。

25万元承包整理绿化用地工程能赚的钱数见下表。

25 万元承包整理绿化用地工程能赚的钱数

序号	施工配置		数量		单价		施工效率/实际消耗量		单位面积成本/(元/m²)	总价/万元
			数量	单位	单价	单位	数量	单位		
1	人工	绿化综合工	55000	m²	3	元/m²	180	m²/d	3.00	16.50
2	其他费用	管理费及坏账	55000	m²	0.5	元/m³	—	—	0.50	2.75
3	成本价格（总数量 55000m²×3.5 元/m²）								3.50	19.25
4	承包价格（总数量 55000m²×4.5 元/m²）								4.50	24.75
5	总利润								5.50 万元	
6	利润率								22.22%	

第二章 景 观

案例 13：65 万元承包绿地起坡造型工程能赚多少钱？

某园林公司承包绿地起坡造型工程，承包范围包括：①50m 以内土方倒运、按设计等高线放线、堆土、分层铺土、夯压实、放坡、平整、清理。②30cm 以内表层土人工挖填、找平等。总工程量为 43200m³，工期为 38d，承包单价为 15 元/m³（含税）。

一、施工配置

1. 人工配置

该工程总工程量为 43200m³，人工施工效率根据熟练程度有所不同，施工效率为 68~72m³/d，该工程按照 70m³/d 考虑，总工期为 38d，则需要配置人工数量为 43200/70/38 = 16.2（人），向下取整按照 16 人考虑。

2. 机械配置

1.5m 轮胎式装载机：1 台。

二、成本测算（测算价格均含税）

1. 人工

经过市场询价，承包模式分为点工和包工两种模式。

点工：一般为临时性零星用工，价格为 360 元/d。

包工：现场多采用包工形式，根据上述需配置工人 16 人，施工效率为 70m³/d，绿地起坡造型包给工人的价格为 8 元/m³。

提示：价格差异主要来源于，点工按天开工资，工人积极性不高，容易磨洋工，但包工按照工作量计算，工人积极性高，单日出活量多，工资就高。故现场多采用包工形式。

2. 机械

1.5m 轮胎式装载机按照 2 元/m³ 考虑。

割草机、修剪机、植树机可以多个项目循环使用，按照 1 元/m³ 考虑。

机械成本合计：2+1 = 3（元/m³）。

3. 其他

管理费、坏账及其他按照 0.5 元/m³ 考虑。

其他费用合计：0.5 元/m³。

总造价成本：8+3+0.5=11.5（元/m³）。

三、利润分析

单位利润 15-11.5=3.5（元/m³）。

总利润：3.5×43200=15.12（万元）。

利润率：3.5/15=23.33%。

赚钱秘方

1.【利润点】土之抉择：起坡造型的原状土和外购土

在绿地起坡造型的构建中，选择使用原状土还是外购土，是一个对项目成本有着显著影响的决策点。这一选择不仅关系到材料成本本身，还影响到运输、施工和未来维护的经济负担。

原状土使用：倾向于使用现场挖掘的原状土可以减少材料采购的成本，尤其是在土质适宜、无须大量改良的情况下。然而，原状土可能需要进行筛选和增肥，以满足植被生长的需求，这会带来额外的处理成本。此外，如果原状土量不足以满足设计需求，仍然需要外购土来补充，这时原状土的优势可能会减少。

外购土使用：选择外购土，尤其是已经过筛选和改良的土壤，虽然直接材料成本较高，但可以直接满足植被生长的条件，减少了现场处理工作。外购土的质量更为可控，有助于提高绿地的成功率和降低后期维护成本。然而，外购土的运输成本也不容忽视，特别是在远距离运输时，这部分成本可能会显著增加。

2.【利润点】土之协奏：营养土争议的签证

改良土也是苗木种植中最常见的争议，如土质不满足种植条件，应进行换土或土壤改良，如果图纸没有特殊要求，对于超出规范用土的，须及时办理签证，载明签证发生的原因，各方签字盖章确认，避免后期结算中产生争议，发生扯皮现象。

3.【利润点】土之升华：超规格用土的改良方案

在苗木种植项目中，营养土的使用标准经常成为争议的焦点，尤其是当实际使用的营养土超出了项目规范或图纸要求。为避免这类争议升级，影响项目的进展和最终结算，采取签证流程成为解决分歧、保障双方权益的有效策略。

办理营养土使用的签证要求项目相关各方包括业主、设计、承包商等就超出规范用土的原因进行充分的沟通和记录。这一过程中，需详细载明签证发生的具体原因，并由各方共同签字盖章确认。

65万元承包绿地起坡造型工程能赚的钱数见下表。

65万元承包绿地起坡造型工程能赚的钱数

序号	施工配置		数量		单价		施工效率/实际消耗量		单位体积成本/(元/m³)	总价/万元
			数量	单位	单价	单位	数量	单位		
1	人工	绿地综合工	43200	m³	8	元/m³	70	m³/d	8.00	34.56
2	机械	1.5m轮胎式装载机	43200	m³	2	元/m³	—	—	2.00	8.64
3		割草机、修剪机、植树机	43200	m³	1	元/m³	—	—	1.00	4.32
4	其他费用	管理费、坏账及其他	43200	m³	0.5	元/m³	—	—	0.50	2.16
5	成本价格（总数量43200m²×11.5元/m³）								11.50	49.68
6	承包价格（总数量43200m²×15元/m³）								15.00	64.80
7	总利润								15.12 万元	
8	利润率								23.33%	

案例14：3万元承包点风景石工程能赚多少钱？

某园林公司承包点风景石工程，风景石规格为2.6m×1.5m×1m，承包范围包括放样、选石、运输、砂浆拌和、吊装堆砌、塞垫嵌缝、清理、养护。总工程量为85t，工期为9d，承包单价为310元/t(含税)。

一、施工配置

1. 人工配置

点风景石的人工主要是配合施工，需要配置现场工人2人。

2. 机械配置

该工程点风景石总工程量为85t，规格为2.6m×1.5m×1m，现场考虑1台25t起重机进行施工。根据吊装难度以及风景石大小施工效率有所不同，单个台班（工作台班）9个小时可以吊装10t风景石，施工效率为0.1台班/t。总工期为85×0.1/1＝8.5（d），考虑整理时间，按照9d考虑，和工期吻合。

二、成本测算（测算价格均含税）

1. 人工

根据上述人工配置，工人月工资为12000元/人，则人工总费用为12000×2×9/30＝

7200(元)，折算到每吨为 7200/85 = 84.71(元/t)。

2. 机械

根据上述需配置 25t 的起重机 1 台，共需要 9 个台班，价格为 1500 元/台班，总费用为 $1×9×1500 = 13500$(元)，折算到每吨成本为 13500/85 = 158.82(元/t)。

3. 其他

管理费按照 0.5 元/t。

坏账及其他损失费按照 0.5 元/t。

其他费用合计：0.5+0.5 = 1(元/t)。

总造价成本：84.71+158.82+1 = 244.53(元/t)。

三、利润分析

单位利润：310-244.53 = 65.47(元/t)。

总利润：65.47×85 = 0.56(万元)。

利润率：65.47/310 = 21.12%。

赚 钱 秘 方

1.【利润点】石之轻重：风景石尺寸影响安装效率

风景石的大小直接影响其在园林景观中的安装效率。较大的风景石虽然能够成为视觉焦点，增强空间感和自然美，但同时也有更高的物流成本和安装难度。需要专业的设备和团队进行搬运和定位，这不仅增加了安装成本，还可能延长工程时间。

相比之下，较小的风景石虽然在视觉效果上可能不如巨石引人注目，但其搬运和安装过程更加灵活高效，可以在更短的时间内完成布置，降低了整体项目的安装成本。因此，在选择风景石时，考虑石头的尺寸与项目的安装效率之间的平衡是至关重要的。

2.【利润点】巨石序章：特大型风景石安装的成本与挑战

特大型风景石的安装是对技术和物流的挑战，需要借助起重机等专业设备进行搬运和定位。由于其体积和重量的特殊性，这一过程不仅安装缓慢，而且涉及高昂的成本。

起重机的使用不仅增加了直接的租赁和操作费用，还可能需要专门的安全管理和施工许可，进一步推高了项目成本。

此外，特大型风景石的安装通常需要更长的时间来精确放置和固定，这意味着项目的总工期可能因此延长，间接成本也随之增加。

3 万元承包点风景石工程能赚的钱数见下表。

3万元承包点风景石工程能赚的钱数

序号	施工配置		数量		单价		施工效率/实际消耗量		单位重量成本/(元/t)	总价/万元
			数量	单位	单价	单位	数量	单位		
1	人工	园林综合工	85	t	84.71	元/t	2	人	84.71	0.72
2	机械	25t 起重机	85	t	1500	元/台班	9	台班	158.82	1.35
3	其他费用	管理费	85	t	0.5	元/t	—	—	0.50	0.0043
4		坏账及其他损失	85	t	0.5	元/t	—	—	0.50	0.0043
5	成本价格(总数量 85t×244.53 元/t)								244.53	2.08
6	承包价格(总数量 85t×310 元/t)								310.00	2.64
7	总利润								0.56 万元	
8	利润率								21.12%	

案例 15：92 万元承包园林景观工程的外墙真石漆喷涂(含腻子)项目能赚多少钱？

某园林公司承包一项园林景观工程中的真石漆喷涂项目，承包范围包括：①抹水泥砂浆：清理底层、砂浆拌和、运输、抹灰找平、压光、养护等。②涂料装饰：清污迹、刮腻子、磨砂纸、刷涂料、喷涂料等。总工程量为 18000m²，总工期为 45d，承包单价为 51 元/m²(含税)。

一、施工配置

1. 人工配置

该工程总工程量为 18000m²，施工效率根据熟练程度有所不同，施工效率为 25~30m²/d，该工程按照 28m²/d 考虑，总工期为 45d，则需要配置人工数量为 18000/28/45 = 14.3(人)，则向下取整数按照 14 人考虑。

2. 机械配置

灰浆搅拌机：1 台。

二、成本测算(测算价格均含税)

1. 人工

经过市场询价，承包模式分为点工和包工两种模式。

点工：一般为临时性零星用工，价格为 350 元/d。

包工：现场多采用包工形式，根据上述需配置工人14人，施工效率为28m²/d，真石漆喷涂工程包给工人价格为20元/m²。

提示：价格差异主要来源于，点工按天开工资，工人积极性不高，容易磨洋工，但包工按照工作量计算，工人积极性高，单日出活量多，工资就高。故现场多采用包工形式。

2. 材料

1）两遍防水腻子。

头遍腻子：外墙真石漆涂料施工，头遍腻子每平方米需要消耗2kg的防水腻子，总喷涂工程量为18000m²，则腻子粉的用量为18000×2=36000（kg），腻子粉的价格为800元/t，折算到每千克则为0.8元/kg，总费用为0.8×36000=28800（元），折合到每平方米成本为28800/18000=1.6（元/m²）。（头遍腻子因为需要基层找补，所以比较费材料。）

二遍腻子：外墙真石漆涂料施工，二遍腻子每平方米需要消耗1kg的防水腻子，总喷涂工程量为18000m²，则腻子粉的用量为：1×18000=18000（kg），腻子粉的价格为0.8元/kg，总费用为18000×0.8=14400（元），折合到每平方米成本为：14400/18000=0.8（元/m²）。

2）抗碱封闭底漆：每施工1m²的外墙真石漆涂料，需要消耗0.4kg的底漆，总喷涂工程量为18000m²，则底漆的用量为0.4×18000=7200（kg），底漆的价格为4.8元/kg，总费用为4.8×7200=34560（元），折合到每平方米成本为34560/18000=1.92（元/m²）。

3）面漆：每施工1m²的外墙真石漆涂料，需要消耗4kg的面漆，总喷涂工程量为18000m²，则面漆的用量为4×18000=72000（kg），面漆的价格为4元/kg，总费用为4×72000=288000（元），折合到每平方米成本为288000/18000=16（元/m²）。

4）其他材料费按照0.5元/m²考虑。

材料费合计：1.6+0.8+1.92+16+0.5=20.82（元/m²）。

3. 机械

灰浆搅拌机、空气压缩机、喷枪按照1元/m²考虑。

4. 其他

管理费按照0.5元/m²考虑。

坏账及其他损失费按照0.5元/m²考虑。

其他费用合计0.5+0.5=1（元/m²）。

总造价成本合计：20+20.82+1+1=42.82（元/m²）。

三、利润分析

单位利润：51−42.82=8.18（元/m²）。
总利润：8.18×18000=14.72（万元）。
利润率：8.18/51=16.04%。

赚钱秘方

1.【利润点】细节之争：真石漆施工范围腻子和门窗防护清理引起的成本剧变

在真石漆的施工过程中，具体的施工范围及其细节，如腻子处理和门窗的防护清理责任的划分，对于整个项目的成本有着显著影响。

对于腻子处理，如果这一环节由真石漆施工方负责，那么他们需要在报价中包含这部分工作的成本；如果是由另一个团队完成，施工方需要确认腻子层的质量，以避免因基层问题引起的后期修复成本。

对于门窗防护清理，真石漆施工中，门窗等部位需要进行适当防护，以防漆料溅射或污染。防护和后续的清理工作同样需要人力和物力投入，其责任归属也应在合同中明确，以确保成本分配的公平性。

2.【利润点】色彩之谜：真石漆的品牌选择与成本影响

在追求美观与耐久性的建筑装饰领域，真石漆以其接近天然石材的质感和色泽，成为设计师和业主的热门选择。然而，市场上真石漆品牌众多，品质参差不齐，施工方在施工时经常存在着以次充好的现象，因此一定要在材料进场、检验、验收环节层层把关，避免出现质量问题。

3.【利润点】高空之舞：真石漆施工的吊篮及脚手架的辅助成本

在真石漆施工过程中，高处作业设备如吊篮和架子的使用，对于确保施工质量和安全至关重要。这些设备的使用费用，包括租赁费、搭建费和拆卸工时费，是项目成本计算中不可忽视的一部分。是否将这些辅助设备的使用费用纳入承包单价中，要在签订的合同中进行明确约定。

4.【利润点】涂层之议：罩面漆施工的质量偷工减料

罩面漆作为建筑外墙保护和装饰的重要材料，其施工质量直接影响到建筑的美观及耐久性。规范中对罩面漆的施工有明确要求，包括稀释比例、施工面积和施工方法等，以确保最终效果和性能。然而，在实际施工过程中，不少施工方为了节约成本或是缩短工期，可能会采取一些不符合规定的做法，如过度稀释罩面漆或是施工面积超标，很多施工单位一桶25kg的罩面漆，对半桶水喷$500m^2$，更有甚者直接从楼顶往下倒，要严格禁止此类现象发生。

5.【利润点】线条和分格：砂浆底漆分格以及线条对成本的影响

在建筑装饰和外墙施工中，砂浆底漆的分格大小及其造型线条的设计，直接影响施工的复杂度和材料消耗，进而对项目的单价产生影响。设计中分格过小或造型线条过多，虽然可以提升建筑的视觉效果，增加细节的丰富性，但同时也会增加施工的难度和时间，需要更多的人工和材料成本。

同时较小的分格和复杂的线条可能会导致底漆和砂浆的用量增加，尤其是在打磨和修整过程中，对材料的需求更为显著。其次精细的造型工作需要高技能的工人执行，可能会因此增加人工成本，特别是在劳动力成本较高的地区。

92万元承包园林景观工程的外墙真石漆喷涂(含腻子)项目能赚的钱数见下表。

92万元承包园林景观工程的外墙真石漆喷涂(含腻子)项目能赚的钱数

序号	施工配置		数量		单价		施工效率/实际消耗量		单位面积成本/(元/m²)	总价/万元
			数量	单位	单价	单位	数量	单位		
1	人工	涂料综合工	18000	m²	20	元/m²	28	m²/d	20.00	36.00
2	材料	头遍防水腻子	18000	m²	0.8	元/kg	2	kg/m²	1.60	2.88
3		二遍防水腻子	18000	m²	0.8	元/kg	1	kg/m²	0.80	1.44
4		底漆	18000	m²	4.8	元/kg	0.4	kg/m²	1.92	3.46
5		面漆	18000	m²	4	元/kg	4	kg/m²	16.00	28.80
6		其他材料费	18000	m²	0.5	元/m²	—	—	0.50	0.90
7	机械	灰浆搅拌机、空气压缩机、喷枪	18000	m²	1	元/m²	—	—	1.00	1.80
8	其他费用	管理费	18000	m²	0.5	元/m²	—	—	0.50	0.90
9		坏账及其他损失	18000	m²	0.5	元/m²	—	—	0.50	0.90
10	成本价格(总数量18000m²×42.82元/m²)								42.82	77.08
11	承包价格(总数量18000m²×51元/m²)								51.00	91.80
12	总利润									14.72万元
13	利润率									16.04%

案例16：62万元承包园林景观工程的蘑菇石墙面项目能赚多少钱？

某园林公司承包一项园林景观工程中的蘑菇石墙面项目，花岗石蘑菇石50mm厚以内，承包范围包括调制砂浆、选料、放线、切割、粘贴、嵌、清理等。总工程量为2200m²，工期为40d，承包单价为280元/m²(含税)。

一、施工配置

1. 人工配置

该工程总工程量为2200m²，人工的施工效率根据熟练程度有所不同，施工效率为4~8m²/d，该工程按照6m²/d考虑，总工期为40d，则需要配置人工数量2200/6/40=9.2(人)，则向下取整数按照9人考虑。

2. 机械配置

200L 灰浆搅拌机 1 台。

二、成本测算（测算价格均含税）

1. 人工

经过市场询价，承包模式分为点工和包工两种模式。

点工：一般为临时性零星用工，价格为 370 元/d。

包工：现场多采用包工形式，根据上述需配置工人 9 人，施工效率为 $6m^2/d$，蘑菇石墙面包给工人的价格为 95 元/m^2。

提示：价格差异主要来源于，点工按天开工资，工人积极性不高，容易磨洋工，但包工按照工作量计算，工人积极性高，单日出活量多，工资就高。故现场多采用包工形式。

2. 材料

1）50mm 厚以内花岗石蘑菇石铺装工程，损耗率为 2%，50mm 厚以内的花岗石蘑菇石单价为 105 元/m^2，则每平方米的价格为 $105×1.02=107.1$（元/m^2）。

2）每铺装 $1m^2$ 的蘑菇石墙面，需要消耗 $0.05m^3$ 的水泥砂浆，总铺装的工程量为 $2200m^2$，则水泥砂浆的用量为 $0.05×2200=110$（m^3），水泥砂浆的单价为 380 元/m^3，总费用为 $110×380=41800$（元），折合到每平方米为 $41800/2200=19$（元/m^2）。

3）钢丝等其他材料费按照 2 元/m^2 考虑。

材料费合计：$107.1+19+2=128.1$（元/m^2）。

3. 机械

200L 灰浆搅拌机等机械按照 1 元/m^2 考虑。

4. 其他

管理费按照 0.5 元/m^2 考虑。

坏账及其他损失费按照 0.5 元/m^2 考虑。

其他费用合计：$0.5+0.5=1$（元/m^2）。

总造价成本合计：$95+128.1+1+1=225.1$（元/m^2）。

三、利润分析

单位利润：$280-225.1=54.9$（元/m^2）。

总利润：$54.9×2200=12.08$（万元）。

利润率：$54.9/280=19.61\%$。

赚钱秘方

【利润点】施工方案：蘑菇石干挂与粘贴的成本辨析

在现代建筑装饰中，蘑菇石因其自然美观的质感而广受欢迎。其安装方式，主要包括干挂和粘贴两种，这两种方式对于项目的单价有着显著的影响。

干挂是一种将蘑菇石通过金属件和结构背景墙固定的方式。这种方法的优点在于可靠性高，维护方便，便于未来的更换和修复。然而，干挂法需要额外的金属支架和固定件，以及更精细的施工工艺，因此，在材料和人工上的成本较高。

粘贴法则是使用专用胶粘剂将蘑菇石直接粘贴在墙面上的方法。这种方法的成本相对较低，施工速度快，但其稳定性和耐久性可能不如干挂法，特别是在承受恶劣天气或外力影响时，粘贴法可能会有石材脱落的风险。

62万元承包园林景观工程的蘑菇石墙面项目能赚的钱数见下表。

62万元承包园林景观工程的蘑菇石墙面项目能赚的钱数

序号	施工配置		数量		单价		施工效率/实际消耗量		单位面积成本/(元/m²)	总价/万元
			数量	单位	单价	单位	数量	单位		
1	人工	墙面综合工	2200	m²	95	元/m²	6	m²/d	95.00	20.90
2	材料	50mm厚花岗石蘑菇石	2200	m²	105	元/m²	1.02	m²/m²	107.10	23.56
3		水泥砂浆	2200	m²	380	元/m³	0.05	m³/m²	19.00	4.18
4		钢丝等其他材料费	2200	m²	2	元/m²	—	—	2.00	0.44
5	机械	200L灰浆搅拌机	2200	m²	1	元/m²	—	—	1.00	0.22
6	其他费用	管理费	2200	m²	0.5	元/m²	—	—	0.50	0.11
7		坏账及其他损失	2200	m²	0.5	元/m²	—	—	0.50	0.11
8	成本价格（总数量2200m²×225.1元/m²）								225.10	49.52
9	承包价格（总数量2200m²×280元/m²）								280.00	61.60
10	总利润									12.08万元
11	利润率									19.61%

案例17：43万元承包砖砌小品工程能赚多少钱？

某园林公司承包砖砌小品工程，标准砖240mm×115mm×53mm，承包范围包括：①调运、铺砂浆、砌砖；②清理、湿润基层、墙眼堵塞；③分层抹灰找平、洒水湿润、罩面压光。总工程量为500m³，工期为30d，承包单价为850元/m³（含税）。

一、施工配置

人工配置

该工程的总工程量为 500m³,人工的施工效率根据熟练程度有所不同,施工效率为 1~5m³/d,该工程按照 2.2m³/d 考虑,总工期为 30d,则需要配置人工数量为 500/2.2/30 = 7.6(人),则向上取整数按照 8 人考虑。

二、成本测算(测算价格均含税)

1. 人工

经过市场询价,承包模式分为点工和包工模式两种。

点工:一般为临时性零星用工,价格为 350 元/d。

包工:现场多采用包工形式,根据上述需配置工人 8 人,施工效率为 2.2m³/d,砖砌小品包给工人的价格为 260 元/m³。

提示:价格差异主要来源于,点工按天开工资,工人积极性不高,容易磨洋工,但包工按照工作量计算,工人积极性高,单日出活量多,工资就高。故现场多采用包工形式。

2. 材料

1)每施工 1m³ 的砖砌小品,需要消耗规格为 240mm×115mm×53mm 的标准砖 512 块,标准砖的单价为 0.6 元/块,则每立方米的价格为 512×0.6 = 307.2(元/m³)。

2)每施工 1m³ 的砖砌小品,需要消耗 0.25m³ 的水泥砂浆,总工程量为 500m³,则水泥砂浆的用量为 0.25×500 = 125(m³),水泥砂浆的价格为 380 元/m³,总费用为 380×125 = 47500(元),折合到每立方米为 47500/500 = 95(元/m³)。

3)其他材料费按照 1 元/m³ 考虑。

材料成本合计:307.2+95+1 = 403.2(元/m³)。

3. 其他

管理费按照 0.5 元/m³ 考虑。

坏账及其他损失费按照 0.5 元/m³ 考虑。

其他费用合计:0.5+0.5 = 1(元/m³)。

总造价成本:260+403.2+1 = 664.2(元/m³)。

三、利润分析

单位利润:850-664.2 = 185.8(元/m³)。

总利润:185.8×500 = 9.29(万元)。

利润率：185.8/850＝21.86%。

赚钱秘方

【利润点】设计与现实：小品设计中的成本控制艺术

很多时候，天马行空的设计师，会针对园区设计很多造型各异的小品，有的是详细图纸，有的只是概念图，有的需要与专业厂家在制作过程中不断磨合碰撞出新的想法形成最终的作品，我们在清单编制及后期图纸深化中要如何规避图纸不确定性风险呢？

这种情况往往可采用两种思路去解决。

1) 暂估价：将这类工程按照暂估价形式计入，待后期图纸深化后，进行重组综合单价。

2) 清单描述控制法：如果为了结算快捷，避免后期扯皮，同时减少暂估价所占比例，可以对该项工作内容进行清单描述控制，在对其基本的形状、材质、参考图片进行描述后，追加依据"深化节点由承包人自行考虑，后期不因为节点深化而增加费用"，这样既能控制住清单综合单价，而且避免了后期扯皮。

43万元承包砖砌小品工程能赚的钱数见下表。

43万元承包砖砌小品工程能赚的钱数

序号	施工配置		数量		单价		施工效率/实际消耗量		单位体积成本/(元/m³)	总价/万元
			数量	单位	单价	单位	数量	单位		
1	人工	砖砌综合工	500	m³	260	元/m³	2.2	m³/d	260.00	13.00
2	材料	标准砖240mm×115mm×53mm	500	m³	0.6	元/块	512	块/m³	307.20	15.36
3		水泥砂浆	500	m³	380	元/m³	0.25	m³/m³	95.00	4.75
4		其他材料费	500	m³	1	元/m³	—	—	1.00	0.05
5	其他费用	管理费	500	m³	0.5	元/m³			0.50	0.025
6		坏账及其他损失	500	m³	0.5	元/m³			0.50	0.025
7	成本价格（总数量500m³×664.20元/m³）								664.20	33.21
8	承包价格（总数量500m³×850元/m³）								850.00	42.50
9	总利润								9.29万元	
10	利润率								21.86%	

案例18：182万元承包园林景观工程中的铁艺栏杆项目能赚多少钱？

某园林公司承包一项园林景观工程中的铁艺栏杆项目，承包范围包括挖坑、定位、校正、安装、回填土、清理现场等。总工程量为6500m，工期为30d，承包单价为280元/m(含税)。

一、施工配置

人工配置

该工程总工程量为 6500m,人工的施工效率根据熟练程度有所不同,施工效率为 26~31m/d,该工程按照 27m/d 考虑,总工期为 30d,则需要配置人工数量为 6500/27/30＝8.02(人),则向下取整数按照 8 人考虑。

二、成本测算(测算价格均含税)

1. 人工

经过市场询价,承包模式分为点工和包工两种模式。

点工:一般为临时性零星用工,价格为 340 元/d。

包工:现场多采用包工形式,根据上述需配置工人 8 人,施工效率为 27m/d,铁艺栏杆包给工人的价格为 20 元/m。

提示:价格差异主要来源于,点工按天开工资,工人积极性不高,容易磨洋工,但包工按照工作量计算,工人积极性高,单日出活量多,工资就高。故现场多采用包工形式。

2. 材料

1)绿地铁艺栏杆工程,损耗率为 2%,铁艺栏杆的单价为 180 元/m,则每米的价格为 180×1.02＝183.6(元/m)。

2)每施工 1m 的铁艺栏杆,需要消耗 0.06m^3 的 C20 混凝土,总施工的工程量为 6500m,则 C20 混凝土的用量为 0.06×6500＝390m^3,C20 混凝土单价为 320 元/m^3,总费用为 320×390＝124800(元),折合到每米为 124800/6500＝19.2(元/m)。

3)螺栓等其他材料费按照 2 元/m 考虑。

材料费合计:183.6＋19.2＋2＝204.8(元/m)。

3. 其他

管理费:1 元/m。

坏账及其他损失费:0.5 元/m。

其他费用合计:1＋0.5＝1.5(元/m)。

总造价成本合计:20＋204.8＋1.5＝226.3(元/m)。

三、利润分析

单位利润:280－226.3＝53.7(元/m)。

总利润:53.7×6500＝34.91(万元)。

利润率:53.7/280＝19.18%。

赚钱秘方

【利润点】铁艺细节：铁艺栏杆预留预埋的成本考量

铁艺栏杆的安装，特别是预留和预埋工作的包含与否，直接影响到项目的成本和施工进度。预留和预埋作为栏杆安装的前期准备工作，涉及土建和结构方面的配合。

应当在合同中明确铁艺栏杆工程是否包括预留预埋工作，对避免后期因工作范围不明确而产生的额外费用和进度延误至关重要。如果预留预埋由承包方负责，那么其成本应当被计入总报价中；若由专业承包商负责，相应的工作范围和成本则应从栏杆工程的合同中剔除。

182万元承包园林景观工程中的铁艺栏杆项目能赚的钱数见下表。

182万元承包园林景观工程中的铁艺栏杆项目能赚的钱数

序号	施工配置		数量		单价		施工效率/实际消耗量		单位长度成本/(元/m)	总价/万元
			数量	单位	单价	单位	数量	单位		
1	人工	铁艺综合工	6500	m	20	元/m	27	m/d	20.00	13.00
2	材料	铁艺栏杆	6500	m	180	元/m	1.02	m/m	183.60	119.34
3		C20混凝土	6500	m	320	元/m³	390	m³	19.20	12.48
4		螺栓等其他材料费	6500	m	2	元/m	—	—	2.00	1.30
5	其他费用	管理费	6500	m	1	元/m	—	—	1.00	0.65
6		坏账及其他损失	6500	m	0.5	元/m	—	—	0.50	0.33
7	成本价格（总数量6500m×226.3元/m）								226.30	147.10
8	承包价格（总数量6500m×280元/m）								280.00	182.00
9	总利润									34.91万元
10	利润率									19.18%

案例19：9750元承包园林景观工程中的 ϕ400mm 挡车石球项目能赚多少钱？

某园林公司承包一项园林景观工程中 ϕ400mm 的挡车石球项目，承包范围包括挖基坑、铺碎石垫层、混凝土基础浇筑、调运砂浆、石球场内运输、安装、校正、修面。总工程量为50个，工期为1d，承包单价为195元/个（含税）。

一、施工配置

1. 人工配置

ϕ400mm 挡车石球施工的人工主要是配合性费用，按照2个人考虑，单日300元，合计

$300 \times 2 = 600$（元/d）。

2. 机械配置

叉车1台。

二、成本测算（测算价格均含税）

1. 人工

根据上述需要配置工人2人，单日工资300元/人，合计$300 \times 2 = 600$（元/d）。折到单个挡车石球价格为$600/50 = 12$（元/个）。

2. 材料

挡车石球工程，总施工量为50个，石球$\phi 800mm$以内的单价为130元/个，总费用为$50 \times 130 = 6500$（元）。

3. 机械

现场共需要叉车1台，1个台班，价格为800元/台班，总费用为$1 \times 1 \times 800 = 800$（元），折合到每个挡车石球成本为$800/50 = 16$（元/个）。

4. 其他

管理费按照1元/个考虑。

坏账及其他损失费按照1.5元/个考虑。

其他费用合计：$1 + 1.5 = 2.5$（元/个）。

总造价成本合计：$12 + 130 + 16 + 2.5 = 160.5$（元/个）。

三、利润分析

单位利润：$195 - 160.5 = 34.5$（元/个）。

总利润：$34.5 \times 50 = 0.17$（万元）。

利润率：$34.5/195 = 17.69\%$。

赚钱秘方

1.【利润点】绿意穿越：跨地区苗木移植成本探究

目前将各地的特色苗木汇聚一园是常见的做法，这不仅能够展现多元的植物景观，也是对生态多样性的一种致敬。然而，这种"满世界移苗"的做法，在美化和丰富园区环境的同时，也带来了不小的成本挑战。从北方的松柏到南方的桂花，不同地域的苗木需要经过精心的选择、运输和栽培，以确保其在新环境中的成活和生长。

采购成本：苗木的采购价格受其稀有性、大小（如树龄、高度）和购买量的影响。选择适合展园主题和气候条件的苗木，要在成本和效果之间找到平衡点。

运费考量：跨地域移植苗木涉及的运输成本可以占据相当一部分预算。苗木的体积、重量和运输距离都会直接影响运费，而特殊的运输要求(如温控运输)更是成本增加的关键因素。

成活率预估：苗木从一个环境移植到另一个环境，其成活率受到多种因素的影响，包括苗木的种类、移植时机、土壤适应性和后续养护等。低成活率意味着更高的风险和可能需要重新采购的成本。

2. 【利润点】绿意算计：施工单位的苗木选择策略与利益最大化

在大型园林建设项目中，施工单位面对的挑战之一是如何在繁多的苗木品种和数量管理中寻找利益的最大化。由于园区面积广阔且苗木种类多样，在实际操作过程中，施工单位可能会倾向于选择利润更高的苗木进行栽种，而对利润较低的苗木种植数量相对减少。

利益最大化的考量：施工单位通过在栽种过程中调整高价苗木和低价苗木的种植比例，试图在项目成本和收入之间找到最佳平衡点。这种策略需要精细的市场分析和风险评估，确保即使是在追求利益最大化的同时，也不会损害项目的整体质量和未来的业务机会。

竣工图的调整：在项目后期，施工单位可能会根据已种植的苗木实际情况，建议建设单位对竣工图进行调整，以反映实际栽种的品种和数量。

3. 【利润点】规格之细：结算审查中的苗木规格考量

在园林绿化项目的结算审查过程中，苗木的数量及其规格是影响工程造价的关键因素。乔木的高度和胸径、灌木的冠幅和密度，这些细节参数不仅直接关系到植物的生长状态和景观效果，也是计算工程造价的重要依据。然而，常有的情况是，在进行结算审查时，项目方可能会过于注重苗木的数量，而忽视了这些关键的规格信息，从而导致造价评估的不准确。

规格与造价：苗木的规格直接决定了其价值。例如，同样是乔木，胸径大、高度高的苗木成本自然高于规格较小的苗木。因此，忽略苗木规格的差异，可能会导致实际工程造价与预算造价之间出现较大偏差。

时间与季节性差异：苗木规格的变化也受到时间和季节的影响。在编制清单和进行投标时，若未能考虑到栽植至审计之间的时间跨度，可能会遇到苗木规格因生长而发生变化的情况，如乔木胸径的增长，这需要在清单编制时进行相应的规避和预判。

4. 【利润点】绿意密度：现场勘察中的灌木密度标准

在园林绿化项目中，灌木的密度不仅直接影响着景观的美观性和生态效益，也是衡量项目执行质量的重要指标，更是确定单平方米造价的最直接的因素，勘查现场时，特别注意灌木的密度是否符合合同要求，成为保证项目符合设计预期和合同规定的关键一环。如不符合要求，需要按照实际进行审减。

同时对于合同价以株为计量单位的灌木，若合同中未约定计量方式，计算方法按照定额的计算规则执行，若合同中约定以苗木进场报验单工程量为准，计算时需扣除苗木总量1%的损耗费。

9750元承包园林景观工程中的φ400mm挡车石球项目能赚的钱数见下表。

9750元承包园林景观工程中的φ400mm挡车石球项目能赚的钱数

序号	施工配置		数量		单价		施工效率/实际消耗量		单位数量成本/(元/个)	总价/万元
			数量	单位	单价	单位	数量	单位		
1	人工	石球综合工	50	个	12	元/个	50	个/d	12.00	0.06
2	材料	φ800mm以内的石球	50	个	130	元/个	50	个	130.00	0.65
3	机械	叉车	50	个	800	元/台	—	—	16.00	0.08
4	其他费用	管理费	50	个	1	元/个	—	—	1.00	0.005
5		坏账及其他损失	50	个	1.5	元/个	—	—	1.50	0.0075
6	成本价格(总数量50个×160.5元/个)								160.50	0.80
7	承包价格(总数量50个×195元/个)								195.00	0.98
8	总利润								0.17万元	
9	利润率								17.69%	

第三章 绿 化

案例 20：50 万元承包栽植乔木，带土球、树高 4~5m 的工程能赚多少钱？

某园林公司承包栽植乔木工程，带土球、树高 4~5m，承包范围包括卸车、挖坑、栽植、修剪、落坑、扶正、回土、捣实、筑水围、浇水、施肥、覆土、保墒、整形、清理、施工期植物养护等。土球直径为 1000mm 以内，总工程量为 1800 株，工期为 40d，承包单价为 275 元/株（含税）。

一、施工配置

1. 人工配置

大乔木的施工，人工主要是配合性工作，该工程总工程量为 1800 株，人工施工效率根据树径大小有所不同，栽大乔木一般都是 4~5 人一组，栽、扶、填土、架树一天大概能栽植 15~22 株，施工效率为 3~5 株/d，该工程按照 5 株/d 考虑，总工期为 40d，则需要配置人工数量为 1800/5/40＝9（人），则按照 9 人考虑。单个班组为 4~5 人则需要 2 个班组同时施工，单日施工数量为 45 株乔木。

2. 机械配置

该工程为栽植乔木，带土球、树高 4~5m，总工程量为 1800 株，现场考虑 25t 汽车式起重机进行施工。根据起重机吊装难度以及栽植乔木的大小施工效率有所不同，机械配合施工，考虑不可避免的中断时间，施工 1 株 4~5m 高的苗木需要 25min，单日工作为 9h。单日总施工苗木数量为 60/25×9＝21.6（株），则向上取整数，即 22 株。总工期 40d，则需要配置起重机数量为 1800/22/40＝2（台），按照 2 台考虑。

二、成本测算（测算价格均含税）

1. 人工

经过市场询价，承包模式分为点工和包工两种模式。

点工：一般为临时性零星用工，价格为 350 元/d。

包工：现场多采用包工形式，根据上述需配置工人9人，施工效率为5株/d，栽植乔木，带土球，树高4~5m，包给工人价格为110元/株。

提示：价格差异主要来源于，点工按天开工资，工人积极性不高，容易磨洋工，但包工按照工作量计算，工人积极性高，单日出活量多，工资就高。故现场多采用包工形式。

2. 机械

根据上述需配置25t汽车式起重机2台，单台单日可以施工22株，台班单价为1500元，则单株乔木机械费用为1500/22=68.18元。

3. 辅材

支撑、钢丝、药品、无纺布按照50元/株考虑。

4. 其他

管理费按照0.5元/株考虑。

坏账及其他损失按照0.5元/株考虑。

其他费用合计：0.5+0.5=1(元/株)。

总造价成本：110+68.18+50+1=229.18(元/株)。

三、利润分析

单位利润：275-229.18=45.82(元/株)。

总利润：45.82×1800=8.25(万元)。

利润率：45.82/275=16.66%。

50万元承包栽植乔木，带土球、树高4~5m的工程能赚的钱数见下表。

50万元承包栽植乔木，带土球、树高4~5m的工程能赚的钱数

序号	施工配置		数量		单价		施工效率/实际消耗量		单位数量成本/(元/株)	总价/万元
			数量	单位	单价	单位	数量	单位		
1	人工	乔木栽植综合工	1800	株	110	元/株	5	株/d	110.00	19.80
2	机械	25t汽车式起重机	1800	株	1500	元/台班	22	株/d	68.18	12.27
3	辅材	支撑、钢丝、药品、无纺布	1800	株	50	元/株	—	—	50.00	9.00
4	其他费用	管理费	1800	株	0.5	元/株	—	—	0.50	0.09
5		坏账及其他损失	1800	株	0.5	元/株	—	—	0.50	0.09
6	成本价格(总数量1800株×229.18元/株)								229.18	41.25
7	承包价格(总数量1800株×275元/株)								275.00	49.50
8	总利润								8.25万元	
9	利润率								16.66%	

案例21：62万元承包栽植乔木，带土球、树高6～7m的工程能赚多少钱？

某园林公司承包栽植乔木工程，带土球、树高6～7m，承包范围包括卸车、挖坑、栽植、修剪、落坑、扶正、回土、捣实、筑水围、浇水、施肥、覆土、保墒、整形、清理、施工期植物养护等。土球直径为1600mm以内，总工程量为1800株，工期为50d，承包单价为340元/株(含税)。

一、施工配置

1. 人工配置

大乔木的施工，人工主要是配合性工作，该工程总工程量为1800株，人工施工效率根据树径大小有所不同，栽大乔木一般都是4～5人一组，栽、扶、填土、架树一天大概能栽植15～22株，施工效率为3～5株/d，该工程按照4株/d考虑，总工期为50d，则需要配置人工数量为1800/4/50＝9(人)，则按照9人考虑。单个班组为4～5人则需要2个班组同时施工，单日施工数量为36株乔木。

2. 机械配置

该工程为栽植乔木，带土球、树高6～7m，总工程量为1800株，现场考虑25t汽车式起重机进行施工。根据起重机吊装难度以及栽植乔木的大小施工效率有所不同，机械配合施工，考虑不可避免的中断时间，施工1株6～7m高的苗木需要30min，单日工作为9h。单日总施工苗木数量为60/30×9＝18(株)。总工期为50d，则需要配置起重机数量为1800/18/50＝2(台)，按照2台考虑。

二、成本测算（测算价格均含税）

1. 人工

经过市场询价，承包模式分为点工和包工两种模式。

点工：一般为临时性零星用工，价格为350元/d。

包工：现场多采用包工形式，根据上述需配置工人9人，施工效率为4株/d，栽植乔木，带土球、树高6～7m，包给工人价格为150元/株。

提示：价格差异主要来源于，点工按天开工资，工人积极性不高，容易磨洋工，但包工按照工作量计算，工人积极性高，单日出活量多，工资就高。故现场多采用包工形式。

2. 机械

根据上述需配置25t汽车式起重机2台，单台单日可以施工18株，台班单价为1500元，则单株乔木机械费用为 1500/18＝83.33(元)。

3. 辅材

支撑、钢丝、药品、无纺布按照 50 元/株考虑。

4. 其他

管理费按照 0.5 元/株考虑。

坏账及其他损失按照 0.5 元/株考虑。

其他费用合计：0.5+0.5＝1(元/株)。

总造价成本：150+83.33+50+1＝284.33(元/株)。

三、利润分析

单位利润：340－284.33＝55.67(元/株)。

总利润：55.67×1800＝10.02(万元)。

利润率：55.67/340＝16.37%。

62 万元承包栽植乔木，带土球、树高 6~7m 的工程能赚的钱数见下表。

62 万元承包栽植乔木，带土球、树高 6~7m 的工程能赚的钱数

序号	施工配置		数量		单价		施工效率/实际消耗量		单位数量成本/(元/株)	总价/万元
			数量	单位	单价	单位	数量	单位		
1	人工	乔木栽植综合工	1800	株	150	元/株	4	株/d	150.00	27.00
2	机械	25t 汽车式起重机	1800	株	1500	元/台班	18	株/d	83.33	15.00
3	辅材	支撑、钢丝、药品、无纺布	1800	株	50	元/株	—	—	50.00	9.00
4	其他费用	管理费	1800	株	0.5	元/株	—	—	0.50	0.09
5		坏账及其他损失	1800	株	0.5	元/株	—	—	0.50	0.09
6	成本价格（总数量 1800 株×284.33 元/株）								284.33	51.18
7	承包价格（总数量 1800 株×340 元/株）								340.00	61.20
8	总利润								10.02 万元	
9	利润率								16.37%	

案例 22：26 万元承包栽植乔木，裸根胸径 200mm 的工程能赚多少钱？

某园林公司承包栽植乔木，裸根胸径 200mm 的工程，承包范围包括卸车、挖坑、栽植、修剪、落坑、扶正、回土、捣实、筑水围、浇水、施肥、覆土、保墒、整形、清理、施工期植物养护等。总工程量为 1800 株，工期为 40d，承包单价为 145 元/株(含税)。

一、施工配置

人工配置

大乔木的施工，人工主要是配合性工作，该工程总工程量为1800株，人工施工效率根据树径大小有所不同，栽大乔木一般都是4~5人一组，栽、扶、填土、架树一天大概能栽植20~24株，施工效率为3~6株/d，本项目按照6株/d考虑，总工期为40d，则需要配置人工数量为1800/6/40=7.5(人)，向上取整按照8人考虑。单个班组为4~5人则需要2个班组同时施工，单日施工数量为48株乔木。

二、成本测算（测算价格均含税）

1. 人工

经过市场询价，承包模式分为点工和包工两种模式。

点工：一般为临时性零星用工，价格为360元/d。

包工：现场多采用包工形式，根据上述需配置工人8人，施工效率为6株/d，乔木裸根胸径200mm包给工人的价格为90元/株。

提示：价格差异主要来源于，点工按天开工资，工人积极性不高，容易磨洋工，但包工按照工作量计算，工人积极性高，单日出活量多，工资就高。故现场多采用包工形式。

2. 辅材

支撑、钢丝、药品、无纺布按照30元/株考虑。

3. 其他

管理费按照0.5元/株考虑。

坏账及其他损失按照0.5元/株考虑。

其他费用合计：0.5+0.5=1(元/株)。

总造价成本：90+30+1=121(元/株)。

三、利润分析

单位利润：145-121=24(元/株)。

总利润：24×1800=4.32(万元)。

利润率：24/145=16.55%。

26万元承包栽植乔木，裸根胸径200mm的工程能赚的钱数见下表。

26万元承包栽植乔木，裸根胸径200mm的工程能赚的钱数

序号	施工配置		数量		单价		施工效率/实际消耗量		单位数量成本/(元/株)	总价/万元
			数量	单位	单价	单位	数量	单位		
1	人工	乔木栽植综合工	1800	株	90	元/d	6	株/d	90.00	16.20
2	辅材	支撑、钢丝、药品、无纺布	1800	株	30	元/株	—	—	30.00	5.40
3	其他费用	管理费	1800	株	0.5	元/株	—	—	0.50	0.09
4		坏账及其他损失	1800	株	0.5	元/株	—	—	0.50	0.09
5	成本价格（总数量1800株×121元/株）								121.00	21.78
6	承包价格（总数量1800株×145元/株）								145.00	26.10
7	总利润								4.32万元	
8	利润率								16.55%	

案例23：9万元承包栽植灌木，带土球，土球直径100mm的工程能赚多少钱？

某园林公司承包栽植灌木，带土球，土球直径100mm的工程，承包范围包括卸车、挖坑、栽植、修剪、落坑、扶正、回土、捣实、筑水围、浇水、施肥、覆土、保墒、整形、清理、施工期植物养护等。总工程量为2800m^2，工期为15d，承包单价为32元/m^2（含税）。

一、施工配置

人工配置

一般栽植灌木为女工施工，施工效率根据密度有所不同，密度为25株/m^2，施工10~20m^2/d左右，该工程按照15m^2/d考虑，总工程量为2800m^2，总工期为15d，则需要配置的人工数量为2800/15/15=12.44（人），则向下取整数按照12人考虑。

二、成本测算（测算价格均含税）

1. 人工

经过市场询价，承包模式分为点工和包工两种模式。

现场多采用包工形式，根据上述需配置工人12人，施工效率为15m^2/d，栽植灌木，带土球，土球直径100mm的工程包给工人的价格为25元/m^2。

提示： 价格差异主要来源于，点工按天开工资，工人积极性不高，容易磨洋工，但包工按照工作量计算，工人积极性高，单日出活量多，工资就高。故现场多采用包工形式。

2. 机械

割灌机、割草机、割边机等其他机械按照 1 元/m² 考虑。

3. 其他

管理费、坏账及其他损失按照 0.5 元/m² 考虑。

其他费用合计：0.5 元/m²。

总造价成本：25+1+0.5=26.5(元/m²)。

三、利润分析

单位利润：32−26.5=5.5(元/m²)。

总利润：5.5×2800=1.54(万元)。

利润率：5.5/32=17.19%。

9 万元承包栽植灌木，带土球，土球直径 100mm 的工程能赚的钱数见下表。

9 万元承包栽植灌木，带土球，土球直径 100mm 的工程能赚的钱数

序号	施工配置		数量		单价		施工效率/实际消耗量		单位面积成本/(元/m²)	总价/万元
			数量	单位	单价	单位	数量	单位		
1	人工	栽植灌木综合工	2800	m²	25	元/m²	15	m²/d	25.00	7.00
2	机械	割灌机、割草机、割边机	2800	m²	1	元/m²	—	—	1.00	0.28
3	其他费用	管理费、坏账及其他损失	2800	m²	0.5	元/m²	—	—	0.50	0.14
4	成本价格(总数量 2800m²×26.5 元/m²)								26.50	7.42
5	承包价格(总数量 2800m²×32 元/m²)								32.00	8.96
6	总利润								1.54 万元	
7	利润率								17.19%	

案例 24：3 万元承包花卉栽植工程能赚多少钱？

某园林公司承包花卉栽植工程，承包范围包括卸车、翻土整地、清除杂物、施基肥、脱盆(袋)、放样、栽植、浇水、清理、施工期植物养护。总工程量为 1800m²，工期为 20d，承包单价为 18 元/m²(含税)。

一、施工配置

人工配置

一般花卉栽植为女工施工，根据密度有所不同，密度为 49 株/m²，施工效率为 38~

$43m^2/d$ 左右，该工程按照 $40m^2/d$ 考虑，总工程量为 $1800m^2$，总工期为 $20d$，则需要配置的人工数量为 $1800/40/20=2.3$（人），则向下取整数按照 2 人考虑。

二、成本测算（测算价格均含税）

1. 人工

经过市场询价，承包模式分为点工和包工两种模式。

点工：一般为临时性零星用工，价格为 380 元/d。

包工：现场多采用包工形式，根据上述需配置工人 2 人，施工效率为 $40m^2/d$，栽植花卉包给工人的价格为 14 元/m^2。

提示：价格差异主要来源于，点工按天开工资，工人积极性不高，容易磨洋工，但包工按照工作量计算，工人积极性高，单日出活量多，工资就高。故现场多采用包工形式。

2. 其他

管理费、坏账及其他损失按照 0.5 元/m^2 考虑。

其他费用合计：0.5 元/m^2。

总费用成本合计：14+0.5=14.5（元/m^2）。

三、利润分析

单位利润：18-14.5=3.5（元/m^2）。

总利润：3.5×1800=0.63（万元）。

利润率：3.5/18=19.44%。

3 万元承包花卉栽植工程能赚的钱数见下表。

3 万元承包花卉栽植工程能赚的钱数

序号	施工配置		数量		单价		施工效率/实际消耗量		单位面积成本/（元/m^2）	总价/万元
			数量	单位	单价	单位	数量	单位		
1	人工	花卉栽植综合工	1800	m^2	14	元/m^2	40	m^2/d	14.00	2.52
2	其他费用	管理费、坏账及其他损失	1800	m^2	0.5	元/m^2	—	—	0.50	0.09
3	成本价格（总数量 $1800m^2$×14.5 元/m^2）								14.50	2.61
4	承包价格（总数量 $1800m^2$×18 元/m^2）								18.00	3.24
5	总利润								0.63 万元	
6	利润率								19.44%	

案例25：3万元承包园林绿化中栽植水生植物工程能赚多少钱？

某园林公司承包一项园林绿化中栽植水生植物工程，承包范围包括卸车、挖淤泥、搬运、种植、回土、整形、清理、施工期植物养护。总工程量为18000株，根盘直径150mm以内，10芽以上，工期为10d，承包单价为1.8元/株（含税）。

一、施工配置

人工配置

该工程总工程量为18000株，人工的施工效率根据熟练程度有所不同，施工效率为445~455株/d，该工程按照450株/d考虑，总工期为10d，则需要配置人工数量为18000/450/10=4（人），则按照4人考虑。

二、成本测算（测算价格均含税）

1. 人工

经过市场询价，承包模式分为点工和包工两种模式。

点工：一般为临时性零星用工，价格为350元/d。

包工：现场多采用包工形式，根据上述需配置工人4人，施工效率为450株/d，栽植水生植物包给工人的价格为1.2元/株。

提示：价格差异主要来源于，点工按天开工资，工人积极性不高，容易磨洋工，但包工按照工作量计算，工人积极性高，单日出活量多，工资就高。故现场多采用包工形式。

2. 辅材

池底部土工布、种植袋等按照0.3元/株考虑。

总造价成本合计：1.2+0.3=1.5（元/株）。

三、利润分析

单位利润：1.8-1.5=0.3（元/株）。

总利润：0.3×18000=0.54（万元）。

利润率：0.3/1.8=16.67%。

3万元承包园林绿化中栽植水生植物工程能赚的钱数见下表。

3万元承包园林绿化中栽植水生植物工程能赚的钱数

序号	施工配置	数量		单价		施工效率/实际消耗量		单位数量成本/(元/株)	总价/万元
		数量	单位	单价	单位	数量	单位		
1	人工 栽植综合工	18000	株	1.2	元/株	450	株/d	1.20	2.16
2	辅材 池底部土工布、种植袋等	18000	株	0.3	元/株	—	—	0.30	0.54
3	成本价格(总数量18000株×1.5元/株)							1.50	2.70
4	承包价格(总数量18000株×1.8元/株)							1.80	3.24
5	总利润							0.54万元	
6	利润率							16.67%	

案例26：7万元承包卡盆制作及缀花工程能赚多少钱？

某园林公司承包卡盆制作及缀花工程，承包范围包括：①上卡盆、安装、装筐、码放、清理等。②卡盆工艺图案纹样放样、现场缀花、拔除等。总工程量为1800m²，码放密度按照9盆/m²考虑，工期为30d，承包单价为38元/m²(含税)。

一、施工配置

人工配置

1) 卡盆制作。该工程总工程量为1800×9=16200(盆)，人工的施工效率根据熟练程度有所不同，施工效率为800~1000盆/d，该工程按照900盆/d考虑，总工期为5d，则需配置人工数量为16200/900/5=3.6(人)，向上取整数按照4人考虑。

2) 现场缀花。该工程的总工程量为1800m²，人工的施工效率根据熟练程度有所不同，施工效率为20~25m²/d，该工程按照22m²/d考虑，总工期为30d，则需要配置人工数量为1800/22/30=2.73(人)，向上取整数按照3人考虑。

二、成本测算(测算价格均含税)

1. 人工

经过市场询价，承包模式分为点工和包工两种模式。

点工：一般为临时性零星用工，价格为380元/d。

1) 卡盆制作包工：现场多采用包工形式，根据上述需配置工人4人，施工效率为900

盆/d，卡盆制作包给工人的价格为0.5元/盆，折算成单平方米价格为$16200×0.5/1800=4.5(元/m^2)$。

2) 现场缀花包工：根据上述需配置工人3人，施工效率为$22m^2/d$，现场缀化包给工人的价格为$25元/m^2$，则工人单日工资为$25×22=550(元)$。

提示：价格差异主要来源于，点工按天开工资，工人积极性不高，容易磨洋工，但包工按照工作量计算，工人积极性高，单日出活量多，工资就高。故现场多采用包工形式。

人工成本合计：$4.5+25=29.5(元/m^2)$。

2. 辅材

海绵、卡扣、水等，按照$0.5元/m^2$考虑。

3. 其他

管理费、坏账及其他损失按照$0.25元/m^2$考虑。

总费用成本合计：$29.5+0.5+0.25=30.25(元/m^2)$。

三、利润分析

单位利润：$38-30.25=7.75(元/m^2)$。
总利润：$7.75×1800=1.40(万元)$。
利润率：$7.75/38=20.39\%$。

7万元承包卡盆制作及缀花工程能赚的钱数见下表。

7万元承包卡盆制作及缀花工程能赚的钱数

序号	施工配置		数量		单价		施工效率/实际消耗量		单位面积成本/(元/m²)	总价/万元
			数量	单位	单价	单位	数量	单位		
1	人工	制作综合工	16200	盆	0.5	元/盆	900	盆/d	4.50	0.81
2		缀花综合工	1800	m²	25	元/m²	22	m²/d	25.00	4.50
3	辅材	海绵、卡扣、水等	1800	m²	0.5	元/m²	—		0.50	0.09
4	其他费用	管理费、坏账及其他损失	1800	m²	0.25	元/m²	—		0.25	0.05
5	成本价格（总数量1800m²×30.25元/m²）								30.25	5.45
6	承包价格（总数量1800m²×38元/m²）								38.00	6.84
7	总利润								1.40万元	
8	利润率								20.39%	

案例 27：10 万元承包铺种草坪工程能赚多少钱？

某园林公司承包铺种草坪工程，承包范围包括卸车、翻土整地、清除杂物、施基肥、栽种草坪、浇水、清理、施工期养护。总工程量为 12000m²，工期为 15d，承包单价为 8 元/m²（含税）。

一、施工配置

人工配置

该工程总工程量为 12000m²，人工施工效率根据熟练程度有所不同，施工效率为 98~105m²/d，该工程按照 100m²/d，总工期为 15d，则需要配置人工数量为 12000/100/15＝8（人），则按照 8 人考虑。

二、成本测算（测算价格均含税）

1. 人工

经过市场询价，承包模式分为点工和包工两种模式。

点工：一般为临时性零星用工，价格为 330 元/d。

包工：现场多采用包工形式，根据上述需配置工人 8 人，施工效率为 100m²/d，铺种草坪包给工人价格为 5.5 元/m²。

提示：价格差异主要来源于，点工按天开工资，工人积极性不高，容易磨洋工，但包工按照工作量计算，工人积极性高，单日出活量多，工资就高。故现场多采用包工形式。

2. 辅材及机械

冲砂机、刷草机等按照 0.5 元/m² 考虑。

3. 其他

管理费、坏账及其他损失按照 0.5 元/m² 考虑。

其他费用合计：0.5 元/m²。

总费用成本合计 5.5+0.5+0.5＝6.5（元/m²）。

三、利润分析

单位利润：8-6.5＝1.5（元/m²）。

总利润：1.5×12000＝1.8（万元）。

利润率：1.5/8＝18.75%。

赚钱秘方

【利润点】绿意细算：草坪与色带核算中的隐性挑战

在园林绿化项目的结算过程中，草坪和色带(块)的种植密度及面积核实是一个容易被忽略却极其重要的环节。这不仅关系到最终的工程量核算准确性，也直接影响到项目的成本控制。尤其是在工程量较大的项目中，现场核实成为保证结算准确性的关键步骤。

扣除非种植区域：在计算草坪和色带的实际种植面积时，必须仔细扣除那些非种植区域所占的面积。这些区域包括但不限于配电箱、给水排水井、乔木树围、汀步以及景观石等。这些结构物或设计元素占据的空间，不能计入草坪或色带的种植面积中。

结合竣工图核实：利用竣工图进行面积核算是确保准确性的有效方法。竣工图能够反映实际完成的工程状况，包括各种非种植区域的具体位置和大小，有助于精确计算出真实的种植面积。

现场核实的重要性：对于大型项目，仅依靠图纸进行计算可能不足以保证核算的准确性，必须结合现场实际情况进行核实。现场核实可以帮助识别图纸中未能详尽标注的非种植区域，确保所有相关因素都被考虑在内。

10万元承包铺种草坪工程能赚的钱数见下表。

10万元承包铺种草坪工程能赚的钱数

序号	施工配置		数量		单价		施工效率/实际消耗量		单位面积成本/(元/m²)	总价/万元
			数量	单位	单价	单位	数量	单位		
1	人工	草坪综合工	12000	m²	5.5	元/m²	100	m²/d	5.50	6.60
2	辅材及机械	冲砂机、刷草机	12000	m²	0.5	元/m²	—	—	0.50	0.60
3	其他费用	管理费、坏账及其他损失	12000	m²	0.5	元/m²	—	—	0.50	0.60
4	成本价格(总数量12000m²×6.5元/m²)								6.50	7.80
5	承包价格(总数量12000m²×8元/m²)								8.00	9.60
6	总利润								1.80万元	
7	利润率								18.75%	

案例28：12万元承包喷播植草(灌木)籽工程能赚多少钱？

某园林公司承包喷播植草(灌木)籽工程，承包内容包括人工细整坡、喷播、加覆盖物、固定、施工期养护等。总工程量为12000m²，工期为12d，承包单价为9.2元/m²(含税)。

一、施工配置

1. 人工配置

喷播植草(灌木)籽工程的人工主要是配合费用,现场需要配置工人3人。

2. 机械配置

该工程喷播植草(灌木)籽总工程量为12000m^2,现场考虑1台喷播机和1台载重汽车进行施工。根据喷播难度以及喷播植草(灌木)籽大小施工效率有所不同,施工效率为1000m^2/d,总工期为12000/1000=12(d),和工期要求吻合。

二、成本测算(测算价格均含税)

1. 人工

根据上述人工配置,人工月工资为12000元,则人工的总费用为12000×3×12/30=14400(元),折合到每平方米为14400/12000=1.2(元)。

2. 材料

一般低缓边坡和公路附属边坡喷播草籽每平方米在20~30g,成本在0.8~1元。无纺布成本在每平方米0.3元,高陡边坡每平方米草籽用量在40g左右,成本在1~1.3元。草籽和无纺布材料价格在每平方米1.5元左右。该工程按照低缓边坡1+0.3=1.3(元/m^2)考虑。

(客土喷播机主要喷洒的材料包括种子、客土混合材料、纤维材料、保水材料、肥料和水等,按照1元/m^2考虑。)

材料费合计:1.3元/m^2。

3. 机械

喷播机和载重汽车各需要1台,现场共需要12个台班,价格为4500元/台班,总费用为1×12×4500=54000(元),折合到每平方米为54000/12000=4.5(元)。

机械成本合计:4.5元/m^2。

4. 其他

管理费、坏账及其他损失按照0.2元/m^2考虑。

其他费用合计:0.2元/m^2。

总造价成本:1.2+1.3+4.5+0.2=7.2(元/m^2)。

三、利润分析

单位利润:9.2-7.2=2(元/m^2)。

总利润:2×12000=2.4(万元)。

利润率：2/9.2=21.74%。

12万元承包喷播植草(灌木)籽工程能赚的钱数见下表。

12万元承包喷播植草(灌木)籽工程能赚的钱数

序号	施工配置		数量		单价		施工效率/实际消耗量		单位面积成本/(元/m²)	总价/万元
			数量	单位	单价	单位	数量	单位		
1	人工	喷播综合工	12000	m²	1.2	元/m²	3	m²/d	1.20	1.44
2	材料	草籽	12000	m²	1	元/m²	—	—	1.00	1.20
3		无纺布材料	12000	m²	0.3	元/m²	—	—	0.30	0.36
4	机械	载重汽车和喷播机	12000	m²	4500	元/台班	12	台班	4.50	5.40
5	其他费用	管理费、坏账及其他损失	12000	m²	0.2	元/m²	—	—	0.20	0.24
6	成本价格(总数量12000m²×7.2元/m²)								7.20	8.64
7	承包价格(总数量12000m²×9.2元/m²)								9.20	11.04
8	总利润									2.40万元
9	利润率									21.74%

案例29：35万元承包园林景观工程中的地坪养护项目能赚多少钱？

某园林公司承包一项园林景观工程中的地坪养护项目，承包范围包括中耕施肥、整地除草、修剪剥芽、防病除害、清除枯枝、灌溉排水、环境清理等。总工程量为25000m²，养护期为一年。承包单价为14元/(m²·年)(含税)。

一、成本测算(测算价格均含税)

1. 市场询价

经过市场询价，养护费用根据养护级别不同、苗木品类不同有所不同。

1) 灌木及地坪养护费用根据养护级别分为特级绿化：20~50元/(m²·年)，一级绿化：14~20元/(m²·年)，二级绿化：9~13元/(m²·年)，三级绿化：4~8元/(m²·年)，四级绿化：1~4元/(m²·年)。

2) 乔木及球形植物的养护费用根据胸径、冠幅不同有所不同。

①乔木：胸径200mm以内35~40元/(株·年)，胸径200~300mm 45~60元/(株·年)。

②球形植物：冠幅2500mm以内15~18元/(株·年)，冠幅2500~3000mm 15~20元/(株·年)，冠幅3000~3500mm 20~25元/(株·年)，冠幅3500mm以上25~30元/(株·年)。

2. 养护费用

人工养护费用：现场需要配置专业的绿化工人 2 名，工资为 8000 元/月，则年支出费用为 $0.8 \times 2 \times 12 = 19.2$（万元），折算到单平方米为 $192000/25000 = 7.68$（元）。

农药、水等材料费，按照 2 元/($m^2 \cdot$ 年)考虑。

割草机等机械，按照 2 元/($m^2 \cdot$ 年)考虑。

总造价成本合计：$7.68+2+2=11.68$[元/($m^2 \cdot$ 年)]。

二、利润分析

单位利润：$14-11.68=2.32$[元/($m^2 \cdot$ 年)]

总利润：$2.32 \times 25000 = 58000$（元）。

利润率：$2.32/14 = 16.57\%$。

赚钱秘方

1.【利润点】绿意养护：养护合理区分

后期养护是指已经"竣工验收"的绿化工程，对其栽植的苗木"当年"成活所发生的浇水、施肥、防治病虫害、修剪、除草及维护等管理费用。

保存养护是指已经"竣工验收"的绿化工程，苗木已经成活后进入"正常养护期"的绿化工程。定额中保存养护为一年的养护费用。

如在投标时是两年养护期即套用一个后期，一个保存即可。

2.【利润点】绿化分级：苗木养护级别与成本之谜

在园林绿化项目中，苗木的养护级别直接关联到养护成本的高低，不同的养护要求对应着不同的养护费用。这种费用差异反映了苗木养护工作的复杂度、劳动强度以及所需材料的不同。根据养护级别的高低，可以将绿化养护划分为特级绿化、一级绿化、二级绿化、三级绿化和四级绿化，每个级别对应着不同的养护费用标准。

35 万元承包园林景观工程的地坪养护项目能赚的钱数见下表。

35 万元承包园林景观工程的地坪养护项目能赚的钱数

序号	施工配置		数量		单价		施工效率/实际消耗量		单位面积成本/[元/($m^2 \cdot$ 年)]	总价/万元
			数量	单位	单价	单位	数量	单位		
1	人工	养护综合工	25000	m^2	8000	元/月	2	人	7.68	19.20
2	材料	农药、水等材料费	25000	m^2	2	元/($m^2 \cdot$ 年)	—	—	2.00	5.00
3	机械	割草机等机械	25000	m^2	2	元/($m^2 \cdot$ 年)	—	—	2.00	5.00
4	成本价格[总数量 25000m^2×11.68 元/($m^2 \cdot$ 年)]								11.68	29.20

(续)

序号	施工配置	数量		单价		施工效率/实际消耗量		单位面积成本/[元/(m²·年)]	总价/万元
		数量	单位	单价	单位	数量	单位		
5	承包价格[总数量25000m²×14元/(m²·年)]							14.00	35.00
6	总利润							5.80万元	
7	利润率							16.57%	

案例30：5万元承包园林景观工程中的乔灌木防寒项目能赚多少钱？

某园林公司承包一项园林景观工程中的乔灌木防寒项目，承包范围包括缠草绳、包塑料薄膜、材料运输、清理场地。总工程量为1800株，工期为12d，承包单价为25元/株（含税）。

一、施工配置

人工配置

该工程总工程量为1800株，人工的施工效率根据熟练程度有所不同，施工效率为42~48株/d，该工程按照45株/d考虑，总工期为12d，则需要配置人工数量为1800/45/12=3.33(人)，则向下取整数按配置3人考虑。

二、成本测算（测算价格均含税）

1. 人工

经过市场询价，承包模式分为点工和包工两种模式。

点工：一般为临时性零星用工，价格为340元/d。

包工：现场多采用包工形式，根据上述需配置工人3人，施工效率为45株/d，乔灌木防寒工程包给工人的价格为10元/株。

提示：价格差异主要来源于，点工按天开工资，工人积极性不高，容易磨洋工，但包工按照工作量计算，工人积极性高，单日出活量多，工资就高。故现场多采用包工形式。

2. 材料

1) 每施工1株的乔灌木防寒，需要消耗4kg的草绳，总施工的工程量为1800株，则草绳的用量为4×1800=7200(kg)，草绳的单价为2元/kg，总费用为7200×2=14400(元)，折合到每株为 14400/1800 = 8(元)。

2)每施工 1 株的乔灌木防寒,需要消耗 $1.87m^2$ 的塑料薄膜,总施工的工程量为 1800 株,则塑料薄膜的用量为 1.87×1800 = 3366(m^2),塑料薄膜的单价为 0.45 元/m^2,总费用为 0.45×3366 = 1514.7(元),折合到每株为 1514.7/1800 = 0.84(元)。

材料合计:8+0.84 = 8.84(元/株)。

3. 其他

管理费、坏账及其他损失按照 0.5 元/株考虑。

造价成本合计:10+8.84+0.5 = 19.34(元/株)。

三、利润分析

单位利润:25-19.34 = 5.66(元)。
总利润:5.66×1800 = 1.02(万元)。
利润率:5.66/25 = 22.64%。

5 万元承包园林景观工程中的乔灌木防寒项目能赚的钱数见下表。

5 万元承包园林景观工程中的乔灌木防寒项目能赚的钱数

序号	施工配置		数量		单价		施工效率/实际消耗量		单位数量成本/(元/株)	总价/万元
			数量	单位	单价	单位	数量	单位		
1	人工	防寒综合工	1800	株	10	元/株	45	株/d	10.00	1.80
2	材料	草绳	1800	株	2	元/kg	4	kg/株	8.00	1.44
3		塑料薄膜	1800	株	0.45	元/m^2	1.87	m^2/株	0.84	0.15
4	其他费用	管理费、坏账及其他损失	1800	株	0.5	元/株	—	—	0.50	0.09
5	成本价格(总数量 1800 株×19.34 元/株)								19.34	3.48
6	承包价格(总数量 1800 株×25 元/株)								25.00	4.50
7	总利润								1.02 万元	
8	利润率								22.64%	

第四章 措 施

案例31：2.5万元承包园林措施工程中的树体输养、保湿项目能赚多少钱？

某园林公司承包一项园林措施工程中树体输养、保湿工程，承包范围包括配制营养液（水）、安装、绑扎、固定等。总工程量为1800组，工期为4d，承包单价为14元/组（含税）。

一、施工配置

人工配置

该工程总工程量为1800组，人工施工效率根据熟练程度不同，施工效率为498~502组/d，本项目按照500组/d考虑，总工期为4d，则需要配置人工数量为1800/500/4=0.9（人），向上取整数按照1人考虑。

二、成本测算（测算价格均含税）

1. 人工

经过市场询价，承包模式分为点工和包工两种模式。

点工：一般为临时性零星用工，价格为330元/d。

包工：现场多采用包工形式，根据上述需配置工人1人，施工效率为500组/d，树体输养保湿工程包给工人的价格为1元/组。

提示：价格差异主要来源于，点工按天开工资，工人积极性不高，容易磨洋工，但包工按照工作量计算，工人积极性高，单日出活量多，工资就高。故现场多采用包工形式。

2. 材料

1）每施工1组的树体输养、保湿工程，需要消耗1套吊针营养袋（1L/袋），总施工的工程量为1800组，则吊针营养袋（1L/袋）的用量为1×1800=1800（套），吊针营养（1L/袋）的单价为1.5元/套，总费用为1800×1.5=2700（元），折合到每组为2700/1800=1.5（元）。

2）每施工1组的树体输养、保湿工程，需要消耗0.38kg的营养液，总施工的工程量为

1800组,则营养液的用量为0.38×1800=684(kg),营养液的单价为17.7元/kg,总费用为684×17.7=12106.8(元),折合到每组为12106.8/1800=6.73(元)。

3)水等其他材料费按照1元/组考虑。

材料费合计:1.5+6.73+1=9.23(元/组)。

3. 其他

管理费、坏账及其他损失按照0.5元/组考虑。

其他费用合计:0.5元/组。

总造价成本合计:1+9.23+0.5=10.73(元/组)。

三、利润分析

单位利润:14-10.73=3.27(元/组)。

总利润:3.27×1800=0.59(万元)。

利润率:3.27/14=23.36%。

2.5万元承包园林措施工程中的树体输养、保湿项目能赚的钱数见下表。

2.5万元承包园林措施工程中的树体输养、保湿项目能赚的钱数

序号	施工配置		数量		单价		施工效率/实际消耗量		单位数量成本/(元/组)	总价/万元
			数量	单位	单价	单位	数量	单位		
1	人工	输养综合工	1800	组	1	元/组	500	组/d	1.00	0.18
2	材料	吊针营养袋(1L/袋)	1800	组	1.5	元/套	1800	套	1.50	0.27
3		营养液	1800	组	17.7	元/kg	0.38	kg/组	6.73	1.21
4		水等其他材料费	1800	组	1	元/组	—	—	1.00	0.18
5	其他费用	管理费、坏账及其他损失	1800	组	0.5	元/组	—	—	0.50	0.09
6	成本价格(总数量1800组×10.73元/组)								10.73	1.93
7	承包价格(总数量1800组×14元/组)								14.00	2.52
8	总利润								0.59 万元	
9	利润率								23.36%	

案例32:6000元承包园林景观工程中的树干刷白项目能赚多少钱?

某园林公司承包一项园林景观工程中树干刷白项目,树干刷白1m高,胸径200mm以内,承包范围包括调制涂白剂、粉刷、清理。总工程量为1800株,工期为4d,承包单价为3.5元/株(含税)。

一、施工配置

人工配置

该工程的总工程量为1800株，人工的施工效率根据熟练程度有所不同，施工效率为478~483株/d，该工程按照480株/d考虑，总工期为4d，则需要配置人工为1800/480/4＝0.9(人)，向上取整数按照1人考虑。

二、成本测算（测算价格均含税）

1. 人工

经过市场询价，承包模式分为点工和包工两种模式。

点工：一般为临时性零星用工，价格为330元/d。

包工：现场多采用包工形式，根据上述需配置工人1人，施工效率为480株/d，园林景观中的树干刷白工程包给工人的价格为1元/株。

提示：价格差异主要来源于，点工按天开工资，工人积极性不高，容易磨洋工，但包工按照工作量计算，工人积极性高，单日出活量多，工资就高。故现场多采用包工形式。

2. 材料

20kg/桶的树木涂白剂能刷胸径200mm的乔木约100株，价格为140元/桶，则刷一株需要140/100＝1.4(元)。

水等其他材料费按照0.25元/株考虑。

材料合计：1.4+0.25＝1.65(元/株)。

3. 其他

管理费、坏账及其他损失按照0.25元/株考虑。

其他合计：0.25元/株。

总造价成本合计：1+1.65+0.25＝2.9(元/株)。

三、利润分析

单位利润：3.5-2.9＝0.6(元/株)。

总利润：0.6×1800＝0.11(万元)。

利润率：0.6/3.5＝17.14%。

6000元承包园林景观工程中的树干刷白项目能赚的钱数见下表。

6000元承包园林景观工程中的树干刷白项目能赚的钱数

序号	施工配置		数量		单价		施工效率/实际消耗量		单位数量成本/(元/株)	总价/万元
			数量	单位	单价	单位	数量	单位		
1	人工	刷白综合工	1800	株	1	元/株	480	株/d	1.00	0.18
2	材料	20kg/桶的树木涂白剂	1800	株	140	元/桶	100	株/桶	1.40	0.25
3		水等其他材料费	1800	株	0.25	元/株	—	—	0.25	0.05
4	其他费用	管理费、坏账及其他损失	1800	株	0.25	元/株	—	—	0.25	0.05
5	成本价格(总数量1800株×2.9元/株)								2.90	0.52
6	承包价格(总数量1800株×3.5元/株)								3.50	0.63
7	总利润								0.11万元	
8	利润率								17.14%	

第五章 园林识图分类

园林苗木识图及单价

一、常绿针叶乔木

01	云杉 A		02	云杉 B	
科属	松科 云杉属		科属	松科 云杉属	
简介	（高 550~600cm）树皮淡灰褐色或淡褐灰色，裂成不规则鳞片或稍厚的块片脱落。主要分布在陕西西南部、甘肃东部等地		简介	（高 450~500cm）树皮淡灰褐色或淡褐灰色，裂成不规则鳞片或稍厚的块片脱落。主要分布在陕西西南部、甘肃东部等地	
单价	2400~2700 元/株		单价	1400~1700 元/株	
03	云杉 C		04	云杉 D	
科属	松科 云杉属		科属	松科 云杉属	
简介	（高 300~350cm）树皮淡灰褐色或淡褐灰色，裂成不规则鳞片或稍厚的块片脱落。主要分布在陕西西南部、甘肃东部等地		简介	（高 250~300cm）树皮淡灰褐色或淡褐灰色，裂成不规则鳞片或稍厚的块片脱落。主要分布在陕西西南部、甘肃东部等地	
单价	700~800 元/株		单价	600~700 元/株	
05	侧柏		06	圆柏	
科属	柏科 侧柏属		科属	柏科 刺柏属	
简介	（高 500~600cm）树皮薄，浅灰褐色，纵裂成条片；枝条向上伸展或斜展。主要分布在内蒙古南部、吉林、辽宁、河北等		简介	（高 500~600cm）常雌雄异株，种子卵圆形；树皮深灰色，纵裂。分布于内蒙古乌拉山、河北、山西、山东等地	
单价	300~500 元/株		单价	400~600 元/株	

（续）

07	油松 A			08	油松 B	
科属	松科　松属			科属	松科　松属	
简介	（高 500~600cm）枝平展或向下斜展，老树树冠平顶，小枝较粗，幼时微被白粉。主要分布在吉林南部、辽宁、河北等省区			简介	（高 200~300cm）枝平展或向下斜展，老树树冠平顶，小枝较粗，幼时微被白粉。主要分布在吉林南部、辽宁、河北等省区	
单价	2800~3100 元/株			单价	200~400 元/株	
09	樟子松			10	白皮松 A	
科属	松科　松属			科属	松科　松属	
简介	（高 200~300cm）深裂成不规则的鳞状块片脱落。主要分布在黑龙江大兴安岭海拔 400~900m 山地及海拉尔以西、以南一带砂丘地区			简介	（高 400~450cm）有明显的主干，枝较细长，斜展，塔形或伞形树冠；冬芽多为红褐色。主要分布在山西、河南西部、陕西秦岭等地	
单价	400~600 元/株			单价	2900~3200 元/株	
11	白皮松 B			12	雪松 A	
科属	松科　松属			科属	松科　雪松属	
简介	（高 350~400cm）有明显的主干，枝较细长，斜展，塔形或伞形树冠；冬芽多为红褐色。主要分布在山西、河南西部、陕西秦岭等地			简介	（高 500~600cm）树冠尖塔形，大枝平展，小枝略下垂；叶针形，质硬。主要分布在喜马拉雅山，中国西藏南部及印度、阿富汗均有分布	
单价	2400~2600 元/株			单价	1000~1200 元/株	
13	雪松 B					
科属	松科　雪松属					
简介	（高 400~500cm）树冠尖塔形，大枝平展，小枝略下垂；叶针形，质硬。主要分布在喜马拉雅山，中国西藏南部及印度、阿富汗均有分布					
单价	800~1100 元/株					

(续)

		二、落叶大乔木			
14	国槐 A		15	国槐 B	
科属	豆科　苦参属		科属	豆科　苦参属	
简介	（胸径20~25cm）叶先端渐尖而具细突尖，基部阔楔形，下面灰白色，疏生短柔毛。主要分布在中国，现南北各省区广泛栽培，华北和黄土高原地区尤为多见		简介	（胸径15~18cm）叶先端渐尖而具细突尖，基部阔楔形，下面灰白色，疏生短柔毛。主要分布在中国，现南北各省区广泛栽培，华北和黄土高原地区尤为多见	
单价	3400~3700 元/株		单价	2400~2700 元/株	
16	国槐 C		17	元宝枫 A	
科属	豆科　苦参属		科属	胡桃科　枫杨属	
简介	（胸径10~12cm）叶先端渐尖而具细突尖，基部阔楔形，下面灰白色，疏生短柔毛。主要分布在中国，现南北各省区广泛栽培，华北和黄土高原地区尤为多见		简介	（胸径10~12cm）幼树树皮平滑，浅灰色，老时则深纵裂。主要分布在东北、华北，西至陕西、四川、湖北，南达浙江等省	
单价	900~1200 元/株		单价	1000~1300 元/株	
18	元宝枫 B		19	丛生元宝枫 A	
科属	胡桃科　枫杨属		科属	胡桃科　枫杨属	
简介	（胸径20~22cm）幼树树皮平滑，浅灰色，老时则深纵裂。主要分布在东北、华北，西至陕西、四川、湖北，南达浙江等省		简介	（胸径10~12cm）翅果嫩时淡绿色，成熟时淡黄色或淡褐色。主要分布在东北、华北、四川、湖北、江西等省	
单价	11000~14000 元/株		单价	2800~3200 元/株	
20	丛生元宝枫 B		21	蒙古栎	
科属	胡桃科　枫杨属		科属	壳斗科　栎属	
简介	（胸径20~22cm）翅果嫩时淡绿色，成熟时淡黄色或淡褐色。主要分布在东北、华北、四川、湖北、江西等省		简介	（胸径18~20cm）树皮灰褐色，纵裂。幼枝紫褐色，有棱，无毛。主要分布在中国、俄罗斯、日本、蒙古等也有分布	
单价	14000~16000 元/株		单价	6000~6300 元/株	

(续)

22	丛生蒙古栎			23	银杏A	
科属	壳斗科　栎属			科属	银杏科　银杏属	
简介	（胸径18~20cm）壳斗外壁小苞片三角状卵形，呈半球形瘤状突起，密被灰白色短绒毛。主要分布在东北、华北等地，华中地区亦少量分布			简介	（胸径18~20cm）幼树树皮浅纵裂，大树树皮呈灰褐色，深纵裂，粗糙；幼年及壮年树冠圆锥形，老则广卵形。主要分布在中国、日本、朝鲜等国家	
单价	10000~12000元/株			单价	3500~3800元/株	
24	银杏B			25	白蜡A	
科属	银杏科　银杏属			科属	木樨科　梣属	
简介	（胸径12~15cm）幼树树皮浅纵裂，大树树皮呈灰褐色，深纵裂，粗糙；幼年及壮年树冠圆锥形，老则广卵形。主要分布在中国、日本、朝鲜等国家			简介	（胸径18~20cm）芽阔卵形或圆锥形，被棕色柔毛或腺毛。小枝黄褐色，粗糙，无毛或疏被长柔毛。主要分布在江苏大丰林业基地、山东济宁、河南等地	
单价	800~1200元/株			单价	3300~3600元/株	
26	白蜡B			27	法桐A	
科属	木樨科　梣属			科属	悬铃木科　悬铃木属	
简介	（胸径12~15cm）芽阔卵形或圆锥形，被棕色柔毛或腺毛。小枝黄褐色，粗糙，无毛或疏被长柔毛。主要分布在江苏大丰林业基地、山东济宁、河南等地			简介	（胸径18~20cm）枝条开展，树冠广阔；树皮灰绿色，不规则剥落，剥落后呈粉绿色，光滑，叶轮廓五角形。主要分布在欧洲东南部及亚洲西部等地区	
单价	900~1200元/株			单价	2700~3000元/株	
28	法桐B			29	栾树	
科属	悬铃木科　悬铃木属			科属	无患子科　栾属	
简介	（胸径12~15cm）枝条开展，树冠广阔；树皮灰绿色，不规则剥落，剥落后呈粉绿色，光滑，叶轮廓五角形。主要分布在欧洲东南部及亚洲西部等地区			简介	（胸径12~15cm）叶顶端短尖至短渐尖，基部阔楔形或圆形，略偏斜，边缘有内弯的小锯齿。主要分布在东北自辽宁起经中部至西南部的云南等地区	
单价	400~600元/株			单价	800~1000元/株	

(续)

30	梓树		31	楸树	
科属	紫葳科　梓属		科属	胡桃科　胡桃属	
简介	（胸径15~18cm）主干通直，嫩枝具稀疏柔毛。叶对生或近于对生，有时轮生，阔卵形，长宽近相等。主要分布在黑龙江、吉林、辽宁等地区		简介	（胸径15~18cm）树干通直，木材坚硬，为良好的建筑用材，可栽培作观赏树、行道树。主要分布在河北、河南、山东、山西、陕西、甘肃、江苏等省区	
单价	1900~2200元/株		单价	1400~1700元/株	
32	榆树		33	金叶榆	
科属	榆科　榆属		科属	榆科　榆属	
简介	（胸径25~28cm）在干脊之地长成灌木状；幼树树皮平滑，灰褐色或浅灰色，大树树皮暗灰色。主要分布在中国东北、华北、西北及西南各省区		简介	（胸径25~28cm）小枝无毛或有毛，稀淡褐黄色或黄色，有散生皮孔，无膨大的木栓层及凸起的木栓翅。主要分布在中国东北、西北、沿海地区	
单价	2500~2800元/株		单价	2200~2500元/株	
34	刺槐		35	垂柳	
科属	豆科　刺槐属		科属	杨柳科　柳属	
简介	（胸径12~15cm）树皮灰褐色至黑褐色，浅裂至深纵裂，稀光滑。幼时有棱脊具托叶刺。主要分布在美国、中国甘肃、青海等省区均有栽培		简介	（胸径10~12cm）苞片椭圆形，外面无毛，边缘有睫毛；离生，基部有长柔毛，苞片狭椭圆形，本种为杂交种。主要分布在沈阳以南，大部分地区都有栽培	
单价	700~900元/株		单价	400~600元/株	
36	金丝垂柳		37	速生杨	
科属	杨柳科　柳属		科属	杨柳科　杨属	
简介	（胸径13~15cm）苞片椭圆形，外面无毛，边缘有睫毛；离生，基部有长柔毛，苞片狭椭圆形，本种为杂交种。主要分布在沈阳以南，大部分地区都有栽培		简介	（胸径25~28cm）边缘有细锯齿，两面无毛，下面带白色，有短柔毛；花序轴有短柔毛。主要分布在华北、东北地区，全国适宜栽培，特别适宜我国西北等地区	
单价	700~900元/株		单价	100~120元/株	

(续)

38	朴树		39	板栗	
科属	大麻科　朴属		科属	壳斗科　栗属	
简介	（胸径15～18cm）皮部纤维为麻绳、造纸、人造棉的原料；果榨油作润滑剂。主要分布于河南、山东、江苏、浙江、安徽和湖南等地域		简介	（胸径25～28cm）成熟壳斗的锐刺有长有短，有疏有密，密时全遮蔽壳斗外壁，疏时则外壁可见。主要分布在辽宁、内蒙古、北京、河北等地	
单价	1800～2200元/株		单价	1000～1200元/株	
40	核桃		41	复叶槭A	
科属	胡桃科　胡桃属		科属	无患子科　槭属	
简介	（胸径13～15cm）叶椭圆形至长椭圆形或卵状椭圆形至长椭圆状披针形。主要分布在中国华北、华中、华南和华东的平原、丘陵等地区		简介	（胸径13～15cm）树皮黄褐色或灰褐色。小枝圆柱形，无毛，当年生枝绿色，多年生枝黄褐色。主要分布在辽宁、内蒙古、河北、甘肃、湖北等地	
单价	1200～1500元/株		单价	1800～2100元/株	
42	复叶槭B				
科属	无患子科　槭属				
简介	（胸径18～20cm）树皮黄褐色或灰褐色。小枝圆柱形，无毛，当年生枝绿色，多年生枝黄褐色。主要分布在辽宁、内蒙古、河北、甘肃、湖北等地				
单价	2400～2700元/株				

三、落叶小乔木

43	杜梨		44	山荆子	
科属	蔷薇科　梨属		科属	蔷薇科　苹果属	
简介	（胸径25～28cm）小枝粗壮，圆柱形，在幼嫩时有绒毛，不久脱落，二年生枝条灰褐色。主要分布在辽宁、河北、山西等地		简介	（胸径15～18cm）树冠广圆形，幼枝细弱，微屈曲，圆柱形，无毛，红褐色，老枝暗褐色。主要分布在我国东北、华北各地	
单价	2300～2500元/株		单价	1800～2200元/株	

(续)

45	柿子树		46	白玉兰	
科属	柿科 柿属		科属	玉兰科 玉兰属	
简介	(胸径15~18cm)小枝及叶柄密生黄褐色短柔毛，可提制柿漆。主要分布在中南、西南及沿海各省		简介	(胸径15~18cm)蓇葖厚木质，褐色，具白色皮孔；种子心形，侧扁。主要分布在长江流域，在庐山、峨眉山等处尚有野生	
单价	1100~1500元/株		单价	3200~3500元/株	
47	樱花		48	暴马丁香	
科属	蔷薇科 樱属		科属	木樨科 丁香属	
简介	(胸径15~18cm)叶先端渐尖，边有腺齿；花瓣白色或粉红色，椭圆卵形，花柱基部有疏柔毛。主要分布在黑龙江、辽宁、河南等地		简介	(胸径15~18cm)叶逐渐渐尖，下面有微柔毛，花序轴和花萼紫蓝色。主要分布在黑龙江、吉林、辽宁	
单价	3200~3500元/株		单价	4500~4800元/株	
49	丝棉木		50	樱桃	
科属	卫矛科 卫矛属		科属	蔷薇科 李属	
简介	(胸径15~18cm)叶先端长渐尖，基部阔楔形或近圆形，边缘具细锯齿，有时极深而锐利。主要分布在中国黑龙江包括华北等地区		简介	(胸径15~18cm)小枝外面被疏柔毛，萼片三角卵圆形或卵状长圆形，先端急尖或钝。主要分布在辽宁、河北、山东等地区	
单价	2800~3100元/株		单价	3300~3600元/株	
51	紫叶李		52	青枫	
科属	蔷薇科 李属		科属	无患子科 槭属	
简介	(胸径10~12cm)核果紫色、黄色、红色或黑色，微被蜡粉，具有浅侧沟，粘核；核椭圆形或卵球形。主要分布在新疆天山等地		简介	(胸径10~12cm)树冠扁圆形或伞形。小枝光滑、细长，紫色或灰紫色。单叶对生，叶纸质，外貌近圆形。主要分布在长江流域，北达山东，南至浙江；朝鲜、日本也有	
单价	1100~1400元/株		单价	1800~2100元/株	

（续）

53	红枫		54	山楂	
科属	无患子科　槭属		科属	蔷薇科　山楂属	
简介	（胸径10~12cm）树冠伞形，枝条开张，细弱。单叶对生，近圆形，薄纸质。主要分布于吉林、辽宁，朝鲜也有		简介	（胸径13~15cm）小枝圆柱形，当年生枝紫褐色，无毛或近于无毛。主要分布在我国部分省份，朝鲜和俄罗斯西伯利亚也有分布	
单价	3600~3900元/株		单价	1200~1500元/株	
55	海棠—红珠宝		56	海棠—亚当	
科属	蔷薇科　苹果属		科属	蔷薇科　苹果属	
简介	（胸径10~12cm）小枝最初有短柔毛，不久脱落，老枝紫色至紫褐色；冬芽卵形。主要分布在新疆乃至西北地区		简介	（胸径13~15cm）多分枝，被短柔毛与腺毛，老时渐变无毛，幼枝带红色。主要分布在美国，引进在我国北方地区栽培	
单价	1400~1600元/株		单价	800~1100元/株	
57	山桃		58	山杏	
科属	蔷薇科　桃属		科属	蔷薇科　杏属	
简介	（胸径10~12cm）树冠开展，小枝细长，叶片卵状披针形，先端渐尖，两面无毛。主要分布在河北、山东等地，常见于向阳山坡		简介	（胸径10~12cm）树皮暗灰色；小枝无毛，稀幼时疏生短柔毛，灰褐色或淡红褐色。主要分布在甘肃、河北、山西等地	
单价	500~600元/株		单价	800~900元/株	
59	加拿大红樱		60	英格兰山楂—猩红	
科属	蔷薇科　李属		科属	蔷薇科　山楂属	
简介	（胸径13~15cm）叶先端渐尖，边有腺齿；花瓣白色或粉红色，椭圆卵形，先端下凹。主要分布在我国黑龙江及内蒙古南部，原产地美洲和南美洲		简介	（胸径10~12cm）多分枝，被短柔毛与腺毛，老时渐变无毛，幼枝带红色。主要分布于黑龙江、吉林、内蒙古、河北、辽宁等地区，原产于英国	
单价	1700~2000元/株		单价	2200~2500元/株	

(续)

61	苹果		62	石榴	
科属	蔷薇科　苹果属		科属	千屈菜科　石榴属	
简介	（胸径15~18cm）叶柄粗壮，托叶草质，披针形；伞房花序，花瓣倒卵形；果实扁球形，果梗短粗。主要分布在山东烟台、陕西、甘肃等地		简介	（胸径15~18cm）花丝无毛，花柱长超过雄蕊。浆果近球形，通常为淡黄褐色或淡黄绿色。主要分布在全世界的温带和热带地区	
单价	1300~1500元/株		单价	1600~1800元/株	

四、落叶灌木

63	绣线菊		64	绣线菊—雪丘	
科属	蔷薇科　绣线菊属		科属	蔷薇科　杏属	
简介	（高0.3~0.5m）花盘圆环形，裂片呈细圆锯齿状；子房有稀疏短柔毛。主要分布在黑龙江、吉林、辽宁等地		简介	（高0.3~0.5m）此变种较高大，叶片长圆披针形，先端短渐尖。主要分布在黑龙江、吉林、辽宁等地	
单价	0.5~0.8元/株		单价	0.6~1元/株	
65	华北紫丁香		66	欧洲蓝梦丁香	
科属	木樨科　丁香属		科属	木樨科　丁香属	
简介	（高0.6~0.8m）盛开时硕大而艳丽的花序布满全株，芳香四溢。主要分布在吉林、甘肃、四川等地区		简介	（高0.6~0.8m）灌木或小乔木，枝条无毛，较粗壮。叶薄革质或厚纸质，圆卵形至肾形。主要分布在欧洲	
单价	3~5元/株		单价	4~6元/株	
67	小叶丁香		68	晚花丁香	
科属	木樨科　丁香属		科属	木樨科　丁香属	
简介	（高0.6~0.8m）本亚种特点在于其小枝、花序轴近圆柱形，连同花梗、花萼呈紫色。主要分布在河北西南部、山西、陕西、宁夏南端等地区		简介	（高0.5~0.8m）裂片长椭圆形，近裂罅基部相连的每一边有一明显片状物。主要分布于欧洲东南部、朝鲜和中国	
单价	2~4元/株		单价	3~5元/株	

（续）

69	早花丁香		70	连翘	
科属	木樨科　丁香属		科属	木樨科　连翘属	
简介	（高0.5~0.8m）小枝有明显的皮孔。叶纸质，对生，矩圆形或矩圆状倒披针形。主要分布在东亚、中亚和欧洲的温带地区		简介	（高1.5~1.8m）叶对生，卵形、宽卵形或椭圆状卵形，无毛，稀有柔毛(变种)，顶端锐尖。主要分布在河北、山西、江苏、安徽等地区	
单价	3~5元/株		单价	28~30元/株	
71	迎春花		72	金银木(忍冬)	
科属	木樨科　素馨属		科属	忍冬科　忍冬属	
简介	（冠幅大于1m）枝条直立并弯曲；幼枝有四棱角，无毛；叶对生。主要分布在陕西、甘肃、四川、云南、西藏		简介	（高0.6~0.8m）叶卵状椭圆形至卵状披针形，顶端渐尖，两面脉上有毛；总花梗短于叶柄。主要分布在黑龙江、河北、陕西等地	
单价	0.8~1.5元/株		单价	3~5元/株	
73	木槿		74	紫叶小檗	
科属	锦葵科　木槿属		科属	小檗科　小檗属	
简介	（高2~2.5m）小枝密被黄色星状绒毛，叶菱形至三角状卵形。主要分布在热带和亚热带地区，我国台湾、广东等地均有栽培		简介	（高0.5~0.6m）幼枝紫红色，老枝灰棕色或紫褐色，有槽。主要分布于中国东北南部、华北及秦岭等地	
单价	130~160元/株		单价	1~1.5元/株	
75	金叶莸		76	美洲黄栌	
科属	马鞭草科　莸属		科属	漆树科　黄栌属	
简介	（高0.3~0.5m）聚伞花序通常腋生，开展，总花梗长于叶柄数倍；裂齿三角形。主要分布在华北、华中、华东及东北地区		简介	（高2.5~3m）叶先端圆形或微凹，基部圆形或阔楔形，全缘，两面尤其叶背显著被灰色柔毛，原产于美国	
单价	2~5元/株		单价	800~1000元/株	

(续)

77	八仙花		78	金叶风箱果	
科属	绣球科　绣球属		科属	蔷薇科　风箱果属	
简介	（高0.3~0.5m）花大而美丽，其花色能红能蓝。主要分布在福建、江西、广东等地		简介	（高1~1.2m）小枝圆柱形，稍弯曲，无毛或近于无毛，老时灰褐色。主要分布在中国华北、东北等北方地区，原产地北美	
单价	1.5~3元/株		单价	7~10元/株	
79	红王子锦带		80	邱园蓝莸	
科属	忍冬科　锦带花属		科属	马鞭草科　莸属	
简介	（高0.8~1.2m）嫩枝淡红色，老枝灰褐色；单叶对生，呈椭圆形，先端渐尖，叶缘有锯齿。主要分布在江浙及山东一带		简介	（高0.3~0.5m）叶卵圆形至卵状矩圆形，顶端渐尖至尾尖，边缘有锯齿，两面有透明腺点。主要分布在江苏、安徽、浙江、福建等地	
单价	3.5~5元/株		单价	20~30元/株	
81	大叶绣球		82	光滑绣球	
科属	绣球科　绣球属		科属	绣球科　绣球属	
简介	（高0.3~0.5m）小枝光滑，老枝粗壮，有很大的叶迹和皮孔。主要分布在中国长江流域、华中和西南地区，还有日本和欧洲的地中海地区		简介	（高0.3~0.5m）伞房状聚伞花序近球形，具短的总花梗，分枝粗壮。主要分布在中国山东、江苏、安徽、浙江、福建、河南等地区	
单价	30~50元/株		单价	40~60元/株	
83	紫叶碧桃		84	树状月季	
科属	蔷薇科　桃属		科属	蔷薇科　蔷薇属	
简介	（地径10~12cm）落叶乔木，整株紫色，树皮灰褐色。单叶互生，小叶红褐色，长椭圆形或卵圆状披针形。主要分布在中国中部及北部		简介	常绿或半常绿灌木，茎直立；小枝铺散，绿色，无毛，具弯刺或无刺。叶柄和叶轴具稀疏腺毛和细刺；托叶边缘具睫毛状腺毛。主要分布于河南地区	
单价	400~500元/株		单价	600~800元/株	

（续）

85	丛生紫薇		86	丛生花石榴	
科属	千屈菜科　紫薇属		科属	千屈菜科　石榴属	
简介	（高2~2.5m）小枝光滑，老枝粗壮，有很大的叶迹和皮孔。两面无毛或仅下面中脉两侧被稀疏卷曲短柔毛。主要分布在中国广东、广西、湖南等地区		简介	（高2~2.5m）萼筒外面近顶端有一黄绿色腺体，边缘有小乳突；花瓣通常大，顶端圆形。主要分布在陕西、江苏、安徽、浙江、北京等地区	
单价	350~450元/株		单价	300~350元/株	
87	天目琼花		88	榆叶梅	
科属	五福花科　荚蒾属		科属	蔷薇科　李属	
简介	（高1.8~2m）高可达4m，冬芽卵圆形，有柄，无毛。主要分布在江苏南部、安徽西部、浙江等地区		简介	（高1.8~2m）雄蕊短于花瓣；子房密被短柔毛，花柱稍长于雄蕊。主要分布在黑龙江、吉林、辽宁、内蒙古等地区	
单价	150~180元/株		单价	200~300元/株	
89	金叶女贞球		90	水蜡球	
科属	木樨科　女贞属		科属	木樨科　女贞属	
简介	（高1.2~1.8m）叶片为革质，椭圆形或卵状椭圆形，新叶金黄色。主要分布在中国华北南部、华东、华南等地区		简介	（高1.2~1.8m）叶顶端锐尖或钝，基部圆形或宽楔形，生长于山地疏林下或路旁、沟边。主要分布于长江以南各省区	
单价	100~150元/株		单价	240~300元/株	
91	卫矛球				
科属	卫矛科　卫矛属				
简介	（高1.2~1.8m）种子紫棕色，有橙红色假种皮。主要分布在长江下游各省至吉林、黑龙江				
单价	100~130元/株				

(续)

五、常绿针叶灌木

92	金球侧柏		93	铺地柏	
科属	柏科　侧柏属		科属	柏科　刺柏属	
简介	（高1.2~1.5m）中间两对种鳞倒卵形或椭圆形，鳞背顶端的下方有一向外弯曲的尖头。主要分布在中国北部及西南部，现在栽培几遍全国		简介	（高0.3~0.5m）鳞形叶交互对生，先端钝或微尖，背面近中部有椭圆形腺体。我国各地国林中常见栽培，亦为习见桩景材料之一	
单价	35~50元/株		单价	30~50元/株	
94	桧柏球		95	侧柏篱	
科属	柏科　刺柏属		科属	柏科　侧柏属	
简介	（高1~1.2m）植株树皮深灰色，纵裂，小枝通常直或稍呈弧状弯曲。主要分布在内蒙古乌拉山、广西北部及云南等地		简介	（高0.5~0.8m）球果近卵圆形，成熟前近肉质，蓝绿色，成熟后木质开裂，红褐色。主要分布在内蒙古南部、吉林、辽宁、河北等地区	
单价	130~150元/株		单价	4~8元/株	
96	云杉球				
科属	松科　云杉属				
简介	（高1.2~1.8m）中部种鳞先端圆或钝三角形，下部宽楔形或微圆，鳞背露出部分有条纹。主要分布在陕西西南部、甘肃东部及白龙江流域、洮河流域、四川岷江流域等地				
单价	350~400元/株				

(续)

六、常绿阔叶灌木					
97	海桐球		98	大叶黄杨球	
科属	海桐科　海桐属		科属	黄杨科　黄杨属	
简介	（高1.2~1.5m）嫩枝被褐色柔毛，叶聚生于枝顶，嫩时上下两面有柔毛。主要分布在江苏南部、浙江、福建、台湾、广东等地区		简介	（高1.2~1.8m）小枝无毛，叶革质，为窄卵形、卵状椭圆形或披针形，附着有微毛或无毛。原产自中国中部及北部各省	
单价	130~160元/株		单价	170~200元/株	
99	小叶黄杨球		100	北海道黄杨篱	
科属	黄杨科　黄杨属		科属	卫矛科　卫矛属	
简介	（高1.2~1.8m）枝条密集，枝圆柱形，灰白色；叶薄革质，阔椭圆形或阔卵形。主要分布在中国安徽、浙江、江西、湖北等地		简介	（高1.2~1.5m）小枝四棱，具细微皱突；叶革质，有光泽，倒卵形或椭圆形。主要分布在我国中部各省，原产于日本	
单价	130~150元/株		单价	15~20元/株	
101	冬青卫矛篱A		102	冬青卫矛篱B	
科属	卫矛科　卫矛属		科属	卫矛科　卫矛属	
简介	（高1~1.2m）叶先端圆钝，基部楔形，边缘具有浅细钝齿。主要分布在中国浙江南部、安徽南部等地区		简介	（高0.8~1m）叶先端圆钝，基部楔形，边缘具有浅细钝齿。主要分布在中国浙江南部、安徽南部等地区	
单价	5~8元/株		单价	3~7元/株	
103	小叶黄杨		104	朝鲜黄杨	
科属	黄杨科　黄杨属		科属	黄杨科　黄杨属	
简介	（高0.3~0.6m）树干灰白光洁，枝条密生，叶椭圆或倒卵形，先端圆或微凹。主要分布在中国安徽、浙江、江西和湖北等地区		简介	（高0.5~0.8m）叶色亮绿，且有许多花枝、斑叶变种，是美丽的观叶树种。主要分布在沈阳、葫芦岛、大连、丹东等地区	
单价	3~5元/株		单价	3~5元/株	

(续)

七、攀缘类

105	五叶地锦		106	月季	
科属	葡萄科　地锦属		科属	蔷薇科　蔷薇属	
简介	（叶柄长5~14.5cm）卷须顶端嫩时尖细卷曲，后遇附着物扩大成吸盘。叶为掌状5小叶，小叶倒卵圆形。主要分布在中国东北、华北各地区。原产于北美		简介	（高0.3~0.5m）小叶片先端长渐尖或渐尖，基部近圆形或宽楔形，边缘有锐锯齿，两面近无毛，上面暗绿色，常带光泽。主要分布在湖北、四川和甘肃等省的山区	
单价	3~5元/株		单价	3~8元/株	
107	紫藤		108	藤本月季	
科属	豆科　紫藤属		科属	蔷薇科　蔷薇属	
简介	（高4~5m）茎左旋，枝较粗壮，嫩枝被白色柔毛，后秃净；冬芽卵形。小叶卵状椭圆形至卵状披针形，上部小叶较大。主要分布在河北、河南、山西、山东等地区		简介	小枝粗壮，圆柱形，有短粗的钩状皮刺或无刺。小叶片宽卵形至卵状长圆形，先端长渐尖或渐尖。主要分布在欧洲、美洲、亚洲、大洋洲，尤以西欧、北美和东亚为多	
单价	250~300元/株		单价	35~50元/株	

八、花卉及水生类

109	兰花鼠尾草		110	千屈菜	
科属	唇形科　鼠尾草属		科属	千屈菜科　千屈菜属	
简介	（高0.3~0.4m）茎上部叶为一回羽状复叶，具短柄，顶生小叶披针形或菱形，侧生小叶卵状披针形，基部偏斜。主要分布在地中海沿岸及南欧		简介	（高0.4~0.5m）多年生草本，根茎横卧于地下，粗壮；茎直立，多分枝，全株青绿色，略被粗毛或密被绒毛，枝通常具4棱。分布于全国各地	
单价	0.5~0.8元/株		单价	0.3~0.6元/株	
111	玉簪		112	紫萼玉簪	
科属	天门冬科　玉簪属		科属	百合科　玉簪属	
简介	（高0.2~0.3m）根状茎粗厚，叶卵状心形、卵形或卵圆形，先端近渐尖，基部心形，花葶具几朵至十几朵花。主要分布于中国四川、湖北、福建及广东等地区		简介	（高0.2~0.3m）叶卵状心形、椭圆形至卵圆形，先端通常近短尾形或骤尖，基部心形或近截形。主要分布于华东、中南、西南及陕西、河北等地区	
单价	1.7~2.5元/株		单价	1.7~2.5元/株	

(续)

113	马蔺			114	鸢尾	
科属	鸢尾科　鸢尾属			科属	鸢尾科　鸢尾属	
简介	（高 0.3~0.4m）根状茎粗壮，木质，斜伸，外包有大量致密的红紫色折断的老叶残留叶鞘及毛发状的纤维。主要分布在中国黑龙江、吉林、辽宁等地区			简介	（高 0.3~0.4m）多年生草本，植株基部围有老叶残留的膜质叶鞘及纤维。根状茎粗壮，二歧分枝，斜伸；须根较细而短。主要分布在中国中南部	
单价	0.5~1 元/株			单价	4~6 元/株	
115	鸢尾—洋娃娃			116	红八宝景天	
科属	鸢尾科　鸢尾属			科属	景天科　八宝属	
简介	（高 0.3~0.4m）多年生草本，植株基部围有老叶残留的膜质叶鞘及纤维。根状茎粗壮，二歧分枝，斜伸；须根较细而短。主要分布在中国中南部			简介	（高 0.3~0.4m）多年生草本，块根胡萝卜状，不分枝，叶对生，长圆形至卵状长圆形。主要分布在中国安徽、陕西、河南、黑龙江等	
单价	2~3 元/株			单价	0.5~1.5 元/株	
117	萱草			118	大花萱草	
科属	阿福花科　萱草属			科属	阿福花科　萱草属	
简介	（高 0.15~0.25m）根近肉质，花早上开晚上凋谢，内花被裂片下部一般有"八"形彩斑。全国各地均有栽培			简介	（高 0.15~0.25m）花橘黄色，耐寒性强，喜光线充足，又耐半阴，耐干旱。主要分布在中国福建、广东、广西、云南及西藏东部地区	
单价	0.7~1.5 元/株			单价	1.5~3 元/株	
119	狼尾草			120	金教授荷兰菊	
科属	禾本科　狼尾草属			科属	菊科　联毛紫菀属	
简介	（高 0.6~0.8m）秆丛生，基部倾斜，叶鞘两侧压扁而具脊，松弛，无毛或疏生疣毛。主要分布在中国东北、华北、华东等地区			简介	（高 0.15~0.25m）单生，有纵棱，被白色糙毛，下部茎叶花期脱落或生存，菱状卵形、匙形或近圆形。全国各地均有栽培	
单价	0.3~0.5 元/株			单价	1.5~2 元/株	

（续）

121	楼斗菜		122	薄荷	
科属	毛茛科 楼斗菜属		科属	唇形科 薄荷属	
简介	（高0.15~0.25m）根肥大，圆柱形，简单或有少数分枝，外皮黑褐色。主要分布在中国东北、华北及陕西、宁夏、甘肃等地区		简介	（高0.3~0.4m）叶对生，花小淡紫色，花后结暗紫棕色的小粒果。分布于全国各地；朝鲜，日本也有	
单价	2.5~4元/株		单价	1.5~2元/株	
123	蓝花长叶婆婆纳		124	亮边蓝婆婆纳	
科属	玄参科 婆婆纳属		科属	玄参科 婆婆纳属	
简介	（高0.5~0.8m）茎常单生。叶片卵状披针形。花序通常伸长，不为头状。主要分布在新疆、黑龙江、吉林等地区		简介	（高0.3~0.4m）茎多枝丛生，下部匍匐生根，中上部直立，被多细胞柔毛。主要分布在新疆、黑龙江、吉林等地区	
单价	1~2元/株		单价	0.8~1元/株	
125	常夏石竹		126	金叶芒	
科属	石竹科 石竹属		科属	禾本科 芒属	
简介	（高0.15~0.25m）花瓣蔷薇色或淡红色，具环纹或花心紫黑色。主要分布于东北、华北、西北和长江流域等地区		简介	（5芽/丛以上）雄蕊先雌蕊而成熟；柱头羽状，颖果长圆形，暗紫色。主要分布在广西、四川、贵州、云南等地区	
单价	0.5~1元/株		单价	10~15元/株	
127	细叶芒		128	芒草	
科属	禾本科 芒属		科属	禾本科 芒属	
简介	（5芽/丛以上）叶直立、纤细，顶端呈弓形，顶生圆锥花序，花期9~10月，花色由最初的粉红色渐变为红色，秋季转为银白色。主要分布在中国江苏、浙江、江西等地区		简介	（5芽/丛以上）裂片间具1芒，棕色，膝曲，芒柱稍扭曲，为紫褐色。原生于非洲与亚洲的亚热带与热带地区	
单价	10~15元/株		单价	10~15元/株	

(续)

129	花叶芦竹		130	蓝羊茅	
科属	禾本科 芦竹属		科属	禾本科 羊茅属	
简介	（高0.6~0.8m）多年生，具发达根状茎，秆粗大直立，坚韧，具多数节，常生分枝，叶片伸长，具白色纵长条纹。主要分布于江苏、浙江、湖南等地区		简介	（5芽/丛以上）叶子直立平滑，叶片强内卷几成针状或毛发状，大多呈蓝色，具银白霜。主要分布在中国广西、四川、贵州等地区	
单价	0.8~1.2元/株		单价	1.5~3元/株	
131	粉黛乱子草		132	大花美人蕉	
科属	禾本科 乱子草属		科属	美人蕉科 美人蕉属	
简介	（5芽/丛以上）多年生草本，常具被鳞片的匍匐根茎。秆直立或基部倾斜、横卧。原产于北美大草原，中国上海、杭州等地均有种植		简介	（高0.5~0.8m）茎、叶和花序均被白粉。叶片椭圆形，叶缘、叶鞘紫色。总状花序顶生。原产于美洲热带，中国各地常见栽培	
单价	1~1.5元/株		单价	1.5~2元/株	
133	油菜花		134	八宝景天	
科属	十字花科 芸薹属		科属	景天科 八宝属	
简介	（高0.15~0.25m）一年或二年生草本，具粉霜；茎直立，有分枝。主要分布于汉中、昭苏、呼伦贝尔等		简介	（高0.15~0.25m）多年生草本，根为须根性，具块根。原产于中国东北以及朝鲜，在中国西南、西北和华东都有分布	
单价	8~10元/株		单价	1.5~2元/株	
135	荷兰菊		136	风铃草	
科属	菊科 联毛紫菀属		科属	桔梗科 风铃草属	
简介	（高0.15~0.25m）多年生宿根草本植物，全株被粗毛，头状花序伞房状着生。原产于北美洲，中国各地均有栽植		简介	（高0.15~0.25m）基生叶具长柄，叶片心状卵形；茎生叶下部的有带翅的长柄。主要分布在北温带，多数种类于欧亚大陆北部，少数在北美	
单价	0.8~1.5元/株		单价	1~1.5元/株	

(续)

137	金叶苔草		138	银叶菊	
科属	莎草科 臺草属		科属	菊科 疆千里光属	
简介	（高 0.15～0.25m）本变种和原变种的区别仅在于雄花鳞片二侧边缘合生，自基部达中部以上；花丝扁化而合生。主要分布在中国江苏、安徽、浙江等地		简介	（高 0.15～0.25m）茎灰白色，植株多分枝；头状花序集成伞房花序，管状花褐黄色。基生叶椭圆状披针形。主要分布在地中海地区，在中国长江流域能露地越冬，适应性良好	
单价	0.8～1.5元/株		单价	0.5～1.3元/株	
139	夏堇		140	凤仙	
科属	母草科 蝴蝶草属		科属	凤仙花科 凤仙花属	
简介	（高 0.15～0.25m）株形整齐而紧密。花腋生或顶生总状花序，方茎，分枝多，呈披散状。主要分布在越南，我国南方常见栽培		简介	（高 0.15～0.25m）茎粗壮，呈肉质，直立；叶为互生，最下部叶有时对生，叶片呈披针形、狭椭圆形或倒披针形。主要分布在印度、马来西亚和中国	
单价	0.8～1.5元/株		单价	2.5～3元/株	
141	四季海棠		142	黄帝菊	
科属	秋海棠科 秋海棠属		科属	菊科 黑足菊属	
简介	（高 0.15～0.25m）茎直立，稍肉质；叶为单叶互生，有光泽。主要分布在云南，各地普遍栽培，原产于巴西热带低纬度高海拔地区树林下的潮湿地		简介	（高 0.15～0.25m）头状花序多变化，形色奇异，品种繁多。本种与野菊不同，无野生类型。原产于中美洲，中国各地均有栽培	
单价	2.5～3元/株		单价	2.5～3元/株	
143	太阳花		144	满天星	
科属	菊科 向日葵属		科属	石竹科 石头花属	
简介	（高 0.15～0.25m）茎直立，总苞片多层，卵形至卵状披针形，顶端尾状渐尖，被长硬毛或纤毛。主要分布在东北、西北和华北等地区		简介	（高 0.15～0.25m）茎单生，直立，多分枝；叶片披针形或线状披针形，顶端渐尖，中脉明显。主要分布在新疆阿尔泰山区、塔什库尔干等地区	
单价	1～1.5元/株		单价	0.7～0.9元/株	

（续）

145	雏菊		146	孔雀草	
科属	菊科　雏菊属		科属	菊科　万寿菊属	
简介	（高0.15~0.25m）多年生或一年生草本，叶基生，匙形，顶端圆钝，基部渐狭成柄。中国各地庭园均有栽培，作为花坛观赏植物		简介	（高0.15~0.25m）一年生草本，茎直立，通常近基部分枝，分枝斜开展。叶羽状分裂，裂片线状披针形，边缘有锯齿。主要分布在四川、贵州、云南等地	
单价	0.5~0.8元/株		单价	0.8~1元/株	

九、草坪及地被类

147	冷季型草坪		148	野牛草	
科属	禾本科		科属	禾本科　野牛草属	
简介	（铺草卷）草坪是由人工建植或人工养护管理，起绿化美化作用的草地。冷季型草坪多用于长江流域附近及以北地区		简介	（混播草籽5:3:2，5~6g/m²）叶鞘疏生柔毛，雌雄异株或同株，雌花序常呈头状。原产于美洲中南部，在中国西北、华北及东北地区广泛种植	
单价	8~12元/m²		单价	5~8元/m²	
149	甘野菊				
科属	菊科　菊属				
简介	（混播草籽4:3:3，5~6g/m²）叶大而质薄，两面无毛或几无毛。显然这是一类湿生或偏湿生的生态型。主要分布在亚洲地区，尤其是四川、贵州、云南等地				
单价	5~8元/m²				

第二篇

总承包对劳务成本——总承包发包单价控制

　　本篇是站在总包对劳务角度进行的成本测算。按照国内7大地理分区分别进行了询价，分别是东北（辽宁、吉林等）、华北（河北、北京等）、华中（河南、湖北等）、华东（江苏、山东等）、华南（广东、福建等）、西北（陕西、甘肃等）、西南（四川、云南等）。通过30轮询价，对劳务分包单价做了详细的全方位测算，供总承包单位在进行劳务分包时有数据参考和支持。

　　成本价格地区性波动较大，请大家根据测算思路和自身的项目情况，动态调整成本价格。

全国园林劳务分包单价体系 2024版（含税）

序号	项目类别	项目名称	清单名称	单位	工程量计算规则	项目特征	承包范围	单价（含税）/元						
								东北（辽宁、吉林等）	华北（河北、北京等）	华中（河南、湖北等）	华东（江苏、山东等）	华南（广东、福建等）	西北（陕西、甘肃等）	西南（四川、云南等）
一、土石方工程														
1	土石方工程	挖一般土石方	挖一般土方（机械）	元/m³	按设计图示尺寸以天然密实体积计算	打钎、挖土、装车、修整底边、机械配合、场内运输等	人工+机械	6	8	9	9	11	9	7
2	土石方工程	挖淤泥、流沙	机械挖淤泥流沙	元/m³	按设计图示尺寸以天然密实体积计算	挖淤泥、流沙等	人工+机械	14	14	16	18	21	16	14
3	土石方工程	回填	基础回填素土	元/m³	按设计图示尺寸以天然密实体积计算	材料取土、回填、洒水、夯实等	人工+机械	17	19	20	20	23	18	19
4	土石方工程	绿化用地整理	微地形土方起坡造型	元/m³	按设计图示尺寸以体积计算	高差在1.5m之间，不包括所有材料堆砌、夯实、修整等	人工+机械	11	10	12	9	10	9	12
5	土石方工程	绿化用地整理	种植土场内倒运、回填	元/m³	按设计图示尺寸以天然密实体积计算	排地表水、土方挖运、耙细、过筛、回填、拍实等	人工+机械	15	15	14	16	16	15	15
6	土石方工程	绿化用地整理	整理绿化用地	元/m²	按设计图示尺寸以投影面积计算	土方挖运、耙细、过筛、找平等全过程	人工+机械	4	5	4	5	3	4	3
二、景观工程														
7	景观工程	园路基层	垫层-3:7灰土30cm	元/m²	按设计图示面积计算	基层清理、拌和、灰土回填、铺平、夯实等全过程	人工+辅材+机械	6	7	6	7	7	6	6

8	景观工程	园路基层	垫层-天然级配砂砾20~25cm	元/m²	按设计图示尺寸以面积计算	基层清理、砂石回填、拌和、铺平、夯实等全过程	人工+辅材+机械	6	7	6	7	8	7	7
9	景观工程	园路基层	垫层-透水碎石20cm	元/m²	按设计图示尺寸以面积计算	基层清理、取料、运输、上料、摊铺、找平、碾压等全过程	人工+辅材+机械	6	7	6	7	8	7	7
10	景观工程	园路基层	垫层-混凝土15~20cm	元/m²	按设计图示尺寸以面积计算	基层清理、测量放线、混凝土浇筑、振捣、养护、设置伸缩缝等全过程	人工+辅材+机械	11	12	11	12	13	12	11
11	景观工程	园路基层	水泥混凝稳定基层	元/m²	按设计图示尺寸以面积计算	放样、机械晾晒、排压等全过程	人工+辅材+机械	3	3	3	3	3	3	3
12	景观工程	园路面层-沥青/混凝土/骨料类	透水混凝土园路（4~6cm）	元/m²	按设计图示尺寸以面积计算	混凝土运输、砂浆拌和、压实（印）、抹平、养护等	人工+辅材+机械	20	23	21	20	19	21	22
13	景观工程	园路面层-沥青/混凝土/骨料类	透水混凝土园路（6~8cm）	元/m²	按设计图示尺寸以面积计算	混凝土运输、砂浆拌和、压实（印）、抹平、养护等	人工+辅材+机械	23	25	25	22	23	24	23
14	景观工程	园路面层-沥青/混凝土/骨料类	透水混凝土园路（8~12cm）	元/m²	按设计图示尺寸以面积计算	混凝土运输、砂浆拌和、压实（印）、抹平、养护等	人工+辅材+机械	25	28	26	24	25	28	25
15	景观工程	园路面层-沥青/混凝土/骨料类	透水混凝土园路（12~15cm）	元/m²	按设计图示尺寸以面积计算	混凝土运输、砂浆拌和、压实（印）、抹平、养护等	人工+辅材+机械	28	30	30	29	31	30	28
16	景观工程	园路面层-沥青/混凝土/骨料类	透水混凝土园路（15~20cm）	元/m²	按设计图示尺寸以面积计算	混凝土运输、砂浆拌和、压实（印）、抹平、养护等	人工+辅材+机械	35	37	34	38	35	37	34

(续)

序号	项目类别	项目名称	清单名称	单位	工程量计算规则	项目特征	承包范围	单价(含税)/元					
								东北(辽宁、吉林等)	华北(河北、北京等)	华中(河南、湖北等)	华东(江苏、山东等)	华南(广东、福建等)	西北(陕西、甘肃等)	西南(四川、云南等)
17	景观工程	景观园路	花岗石铺装(20~40mm)	元/m²	按设计图示尺寸以面积计算	清理底层,结合层,选样、现场放线排样、铺设、灌缝、勾缝、扫缝、清扫净面、养护等	人工+辅材+机械	48	54	48	54	57	52	51
18	景观工程	景观园路	花岗石铺装(40~60mm)	元/m²	按设计图示尺寸以面积计算	清理底层,结合层,选样、现场放线排样、铺设、灌缝、勾缝、扫缝、清扫净面、养护等	人工+辅材+机械	56	60	56	63	68	61	60
19	景观工程	景观园路	花岗石铺装(零星石材)	元/m²	按设计图示尺寸以面积计算	清理底层,结合层,选样、现场放线排样、铺设、灌缝、勾缝、扫缝、清扫净面、养护等	人工+辅材+机械	90	96	90	101	108	98	96
20	景观工程	景观园路	石材立面铺装	元/m²	按设计图示尺寸以面积计算	立面石材,水泥砂浆结合层一道,包含石材铺贴人工、机械、辅材等	人工+辅材+机械	83	84	86	84	80	82	85
21	景观工程	景观园路	石材立面干挂	元/m²	按设计图示尺寸以面积计算	立面石材,包含石材干挂、墙面干挂人工、机械、辅材等	人工+辅材+机械	125	134	128	125	118	120	135

序号	工程	分类	项目名称	单位	工程量计算规则	工作内容	组价组成							
22	景观工程	景观园路	花岗石收边	元/m	按设计图示尺寸以长度计算	放线、切割材料、调浆、铺面层、嵌缝、清扫	人工+辅材+机械	15	14	16	17	14	15	14
23	景观工程	景观园路	嵌草砖铺贴	元/m²	按设计图示尺寸以面积计算	放线、夯实、修平垫层、调浆、铺砖、清扫	人工+辅材+机械	34	38	34	39	35	37	37
24	景观工程	景观园路	植草砖铺贴	元/m²	按设计图示尺寸以面积计算	栽种：清杂、搬运草卷、格内灌土（含铺草）、浇水、清理、施工期养护	人工+辅材+机械	41	41	38	45	42	41	40
25	景观工程	景观园路	透水砖铺装（平铺）	元/m²	按设计图示尺寸以面积计算	弹线、砍磨砖件、规格、槽、铺砖块料、回填、勾缝等	人工+辅材+机械	26	30	26	31	30	30	29
26	景观工程	景观园路	透水砖拼装（席纹铺）	元/m²	按设计图示尺寸以面积计算	基层清理、粘结层拌和、面砖预铺、砖切割、平敲实、刷灰浆、成品保护等全过程	人工+辅材+机械	32	36	32	36	32	35	34
27	景观工程	景观园路	陶瓷 PC 砖/生态仿石砖铺装（15mm）	元/m²	按设计图示尺寸以面积计算	放线、整修路床、夯实、修平垫层、调浆、铺面层、嵌缝、清扫	人工+辅材+机械	51	58	51	58	57	56	55
28	景观工程	景观园路	汀步	元/m²	按设计图示尺寸以面积计算	预制混凝土：清理、养护等。料石：摆放、夯实、运输、砌筑等	人工+辅材+机械	65	68	63	65	68	58	59
29	景观工程	景观园路	水洗石铺装	元/m²	按设计图示尺寸以面积计算	洗石子、摆石子、灌浆、清水冲洗等	人工+辅材+机械	48	54	48	55	58	53	52

（续）

| 序号 | 项目类别 | 项目名称 | 清单名称 | 单位 | 工程量计算规则 | 项目特征 | 承包范围 | 单价（含税）元 |||||||
								东北（辽宁、吉林等）	华北（河北、北京等）	华中（河南、湖北等）	华东（江苏、山东等）	华南（广东、福建等）	西北（陕西、甘肃等）	西南（四川、云南等）
30	景观工程	景观园路	鹅卵石不排花	元/m²	按设计图示尺寸以面积计算	选运石料、调运砂浆、堆砌、垫塞嵌缝	人工+辅材+机械	55	60	60	58	56	55	57
31	景观工程	景观园路	鹅卵石排花	元/m²	按设计图示尺寸以面积计算	选运石料、调运砂浆、堆砌、垫塞嵌缝	人工+辅材+机械	127	144	127	146	148	139	137
32	景观工程	景观园路	混凝土道牙安装	元/m	按设计图示尺寸以长度计算	弹线、选料、套规格、砍磨、挖沟槽、铺灰浆、套规道牙料、回填、勾缝等	人工+辅材+机械	16	17	16	18	19	17	17
33	景观工程	景观园路	花岗石路缘石/树池围牙	元/m	按设计图示尺寸以长度计算	放线、平基、运输、调制砂浆、安砌、养护、勾缝、清理、树池内填充等	人工+辅材+机械	19	22	19	22	23	21	20
34	景观工程	景观园路	风景石	元/t	按设计图示尺寸以重量计算	放线、选石、运输、砂浆拌和、吊装堆砌、塞垫嵌缝、清理、养护	人工+辅材+机械	320	288	300	295	285	310	315
35	景观工程	景观园路	水泥混凝土园路	元/m²	按设计图示尺寸以面积计算	混凝土、砂浆拌和、运输、压实（印）、抹平、养护等	人工+辅材+机械	21	24	21	24	24	23	23

序号	分类	子项	细项	单位	工程量计算规则	工作内容	施工方式						
36	景观工程	景观园路	粗粒式沥青摊铺6cm	元/m²	按设计图示尺寸以面积计算	搅拌,浇捣,找平,压实,养护,灌注沥青砂浆伸缩缝等全过程	人工+辅材+机械	2	2	2	2	3	2	2
37	景观工程	景观园路	中粗粒式沥青摊铺5cm	元/m²	按设计图示尺寸以面积计算	搅拌,浇捣,找平,压实,养护,灌注沥青砂浆伸缩缝等全过程	人工+辅材+机械	2	2	2	2	3	2	2
38	景观工程	景观园路	细粒式沥青摊铺4cm	元/m²	按设计图示尺寸以面积计算	搅拌,浇捣,找平,压实,养护,灌注沥青砂浆伸缩缝等全过程	人工+辅材+机械	2	2	2	2	2	2	2
39	景观工程	景观园路	乳化沥青透层摊铺	元/m²	按设计图示尺寸以面积计算	人工撒料,机械碾压,找补,养护等全过程	人工+辅材+机械	1	1	1	1	1	1	1
40	景观工程	景观园路	竹、木(复合)地板	元/m²	按设计图示尺寸以面积计算	选样,选料,运料,画线,起眉安装齐头,安装等	人工+辅材+机械	49	54	55	51	48	50	48
41	景观工程	木平台/栏杆	防腐木平台铺装	元/m²	按设计图示尺寸以面积计算	清理基底层,试排弹线,龙骨安装,面层安装,防护,清理等全过程	人工+辅材+机械	85	91	90	86	84	82	95
42	景观工程	木平台/栏杆	生态木平台铺装	元/m²	按设计图示尺寸以面积计算	清理基底层,试排弹线,龙骨安装,面层安装,防护,清理等全过程	人工+辅材+机械	65	70	60	70	75	70	69

(续)

序号	项目类别	项目名称	清单名称	单位	工程量计算规则	项目特征	承包范围	单价(含税)/元					
								东北(辽宁、吉林等)	华北(河北、北京等)	华中(河南、湖北等)	华东(江苏、山东等)	华南(广东、福建等)	西北(陕西、甘肃等)	西南(四川、云南等)
43	景观工程	木平台/栏杆	防腐木栏杆	元/m	按设计图示尺寸以长度计算	选配料、截料、刨光、画线、镶拼、安装、校正	人工+辅材+机械	62	67	68	60	58	60	62
44	景观工程	木平台/栏杆	铁艺栏杆	元/m	按设计图示尺寸以长度计算	挖坑、定位、校正、安装、回填土、清理现场等	人工+辅材+机械	20	23	23	22	21	20	18
45	景观工程	木平台/栏杆	水泥仿木纹栏杆	元/m	按设计图示尺寸以长度计算	清理现场、挖土方、铁件制作安装、构件安装	包工包料	243	266	240	235	248	255	246
46	景观工程	小品	树铭牌	元/个	按设计图示尺寸以数量计算	厚亚克力树铭牌	包工包料	27	26	29	26	28	26	30
47	景观工程	小品	导览牌	元/个	按设计图示尺寸以数量计算	热镀锌钢+透明亚克力板	包工包料	50	45	65	58	48	42	62
48	景观工程	小品	成品垃圾桶	元/个	按设计图示尺寸以数量计算	成品垃圾桶	包工包料	50	53	49	52	48	49	53
49	景观工程	小品	成品坐凳	元/个	按设计图示尺寸以数量计算	成品坐凳	包工包料	80	83	82	79	77	78	80
50	景观工程	小品	花岗石车挡球	元/个	按设计图示尺寸以数量计算	花岗石车挡球	包工包料	180	191	190	188	185	182	183

序号	工程	场地类型	项目名称	单位	工程量计算规则	工作内容	承包方式						
51	景观工程	塑胶场地	室外篮球场硅PU铺筑（3mm国标）	元/m²	按设计图示尺寸以面积计算	基层清理修补，结合层制作；面材铺贴或拼花；勾缝或扫缝处理；成品保护，完工清洁	包工包料	84	94	84	96	98	92	90
52	景观工程	塑胶场地	室外篮球场丙烯酸铺筑	元/m²	按设计图示尺寸以面积计算	基层清理修补，结合层制作；面材铺贴或拼花；勾缝或扫缝处理；成品保护，完工清洁	包工包料	48	54	48	55	57	53	51
53	景观工程	塑胶场地	室外塑胶场地面（EPDM彩色颗粒）	元/m²	按设计图示尺寸以面积计算	基层清理修补，结合层制作；面材铺贴或拼花；勾缝或扫缝处理；成品保护，完工清洁	包工包料	134	152	134	154	161	147	145
54	景观工程	塑胶场地	彩色防滑路面（陶瓷颗粒）水泥基	元/m²	按设计图示尺寸以面积计算	基层清理修补，结合层制作；面材铺贴或拼花；勾缝或扫缝处理；成品保护，完工清洁	包工包料	101	114	101	116	121	111	108
55	景观工程	塑胶场地	彩色防滑路面（陶瓷颗粒）沥青基	元/m²	按设计图示尺寸以面积计算	基层清理修补，结合层制作；面材铺贴或拼花；勾缝或扫缝处理；成品保护，完工清洁	包工包料	106	120	106	122	127	116	114

（续）

序号	项目类别	项目名称	清单名称	单位	工程量计算规则	项目特征	承包范围	单价（含税）元						
								东北（辽宁、吉林等）	华北（河北、北京等）	华中（河南、湖北等）	华东（江苏、山东等）	华南（广东、福建等）	西北（陕西、甘肃等）	西南（四川、云南等）
三、绿化工程														
56	绿化工程	绿化苗木栽植	常绿乔木栽植（高度2~3m）	元/株	按设计图示数量计算	苗木场内倒运、栽植；苗木养护、保活措施防护、反季节措施、冬季防寒；苗木修剪、病虫害防治	人工+辅材+机械	157	176	157	180	188	172	169
57	绿化工程	绿化苗木栽植	常绿乔木栽植（高度3~4m）	元/株	按设计图示数量计算	苗木场内倒运、栽植；苗木养护、保活措施防护、反季节措施、冬季防寒；苗木修剪、病虫害防治	人工+辅材+机械	209	235	209	240	251	230	226
58	绿化工程	绿化苗木栽植	常绿乔木栽植（高度4~5m）	元/株	按设计图示数量计算	苗木场内倒运、栽植；苗木养护、保活措施防护、反季节措施、冬季防寒；苗木修剪、病虫害防治	人工+辅材+机械	230	258	230	264	276	253	249
59	绿化工程	绿化苗木栽植	常绿乔木栽植（高度5~6m）	元/株	按设计图示数量计算	苗木场内倒运、栽植；苗木养护、保活措施防护、反季节措施、冬季防寒；苗木修剪、病虫害防治	人工+辅材+机械	293	328	293	337	351	322	316

序号	工程类别	项目名称	项目特征	单位	工程量计算规则	工作内容	组成							
60	绿化工程	绿化苗木栽植	常绿乔木栽植（高度6~7m）	元/株	按设计图示数量计算	苗木场内倒运、栽植；苗木养护、反季节措施、冬季防寒；苗木修剪、病虫害防治	人工+辅材+机械	314	352	314	361	376	345	339
61	绿化工程	绿化苗木栽植	常绿乔木栽植（高度7~8m）	元/株	按设计图示数量计算	苗木场内倒运、栽植；苗木养护、反季节措施、冬季防寒；苗木修剪、病虫害防治	人工+辅材+机械	345	384	345	397	413	376	372
62	绿化工程	绿化苗木栽植	常绿乔木栽植（高度8~9m）	元/株	按设计图示数量计算	苗木场内倒运、栽植；苗木养护、反季节措施、冬季防寒；苗木修剪、病虫害防治	人工+辅材+机械	355	400	355	408	427	392	384
63	绿化工程	绿化苗木栽植	常绿乔木栽植（高度9~10m）	元/株	按设计图示数量计算	苗木场内倒运、栽植；苗木养护、反季节措施、冬季防寒；苗木修剪、病虫害防治	人工+辅材+机械	366	411	366	418	439	402	395
64	绿化工程	绿化苗木栽植	常绿乔木栽植（高度>10m）	元/株	按设计图示数量计算	苗木场内倒运、栽植；苗木养护、反季节措施、冬季防寒；苗木修剪、病虫害防治	人工+辅材+机械	397	448	397	455	477	439	429

(续)

序号	项目类别	项目名称	清单名称	单位	工程量计算规则	项目特征	承包范围	单价（含税）/元						
								东北（辽宁、吉林等）	华北（河北、北京等）	华中（河南、湖北等）	华东（江苏、山东等）	华南（广东、福建等）	西北（陕西、甘肃等）	西南（四川、云南等）
65	绿化工程	绿化苗木栽植	落叶乔木栽植（胸径<8cm）	元/株	按设计图示数量计算	苗木场内倒运、栽植、苗木养护、保活措施防护、反季节措施、冬季防寒；苗木修剪；病虫害防治	人工+辅材+机械	84	94	84	96	100	92	90
66	绿化工程	绿化苗木栽植	落叶乔木栽植（胸径8~10cm）	元/株	按设计图示数量计算	苗木场内倒运、栽植、苗木养护、保活措施防护、反季节措施、冬季防寒；苗木修剪；病虫害防治	人工+辅材+机械	105	117	105	120	125	115	113
67	绿化工程	绿化苗木栽植	落叶乔木栽植（胸径10~15cm）	元/株	按设计图示数量计算	苗木场内倒运、栽植、苗木养护、保活措施防护、反季节措施、冬季防寒；苗木修剪；病虫害防治	人工+辅材+机械	157	176	157	180	188	172	169
68	绿化工程	绿化苗木栽植	落叶乔木栽植（胸径15~20cm）	元/株	按设计图示数量计算	苗木场内倒运、栽植、苗木养护、保活措施防护、反季节措施、冬季防寒；苗木修剪；病虫害防治	人工+辅材+机械	230	258	230	264	276	253	249

序号	工程类别	项目名称	项目特征	单位	计算规则	工作内容	人工+辅材+机械						
69	绿化工程	绿化苗木栽植	落叶乔木栽植（胸径20~25cm）	元/株	按设计图示数量计算	苗木场内倒运，栽植；苗木养护，保活措施防护，反季节措施、冬季防寒；苗木修剪；病虫害防治	314	352	314	361	376	345	339
70	绿化工程	绿化苗木栽植	落叶乔木栽植（胸径25~30cm）	元/株	按设计图示数量计算	苗木场内倒运，栽植；苗木养护，保活措施防护，反季节措施、冬季防寒；苗木修剪；病虫害防治	366	411	366	420	439	402	395
71	绿化工程	绿化苗木栽植	落叶乔木栽植（胸径>30cm）	元/株	按设计图示数量计算	苗木场内倒运，栽植；苗木养护，保活措施防护，反季节措施、冬季防寒；苗木修剪；病虫害防治	397	443	397	457	477	434	429
72	绿化工程	绿化苗木栽植	棕榈类栽植（高度8~9m）	元/株	按设计图示数量计算	苗木场内倒运，栽植；苗木养护，保活措施防护，反季节措施、冬季防寒；苗木修剪；病虫害防治	314	352	314	361	376	345	339
73	绿化工程	绿化苗木栽植	棕榈类栽植（高度7~8m）	元/株	按设计图示数量计算	苗木场内倒运，栽植；苗木养护，保活措施防护，反季节措施、冬季防寒；苗木修剪；病虫害防治	293	328	293	337	351	322	316

序号	项目类别	项目名称	清单名称	单位	工程量计算规则	项目特征	承包范围	单价(含税)/元						
								东北(辽宁、吉林等)	华北(河北、北京等)	华中(河南、湖北等)	华东(江苏、山东等)	华南(广东、福建等)	西北(陕西、甘肃等)	西南(四川、云南等)
74	绿化工程	绿化苗木栽植	棕榈类栽植(高度6~7m)	元/株	按设计图示数量计算	苗木场内倒运、栽植;苗木养护、保活措施、反季节措施、冬季防寒;苗木修剪、病虫害防治	人工+辅材+机械	261	293	261	301	314	287	282
75	绿化工程	绿化苗木栽植	棕榈类栽植(高度5~6m)	元/株	按设计图示数量计算	苗木场内倒运、栽植;苗木养护、保活措施、反季节措施、冬季防寒;苗木修剪、病虫害防治	人工+辅材+机械	230	258	230	264	276	253	249
76	绿化工程	绿化苗木栽植	棕榈类栽植(高度4~5m)	元/株	按设计图示数量计算	苗木场内倒运、栽植;苗木养护、保活措施、反季节措施、冬季防寒;苗木修剪、病虫害防治	人工+辅材+机械	209	235	209	240	251	230	226
77	绿化工程	绿化苗木栽植	棕榈类栽植(高度3~4m)	元/株	按设计图示数量计算	苗木场内倒运、栽植;苗木养护、保活措施、反季节措施、冬季防寒;苗木修剪、病虫害防治	人工+辅材+机械	188	211	188	216	226	207	203

(续)

序号	项目	子项	特征	单位	工程量计算规则	工作内容	组价方式							
78	绿化工程	绿化苗木栽植	棕榈类栽植（高度2~3m）	元/株	按设计图示数量计算	苗木场内倒运，栽植，苗木养护，保活措施，冬季节措施、反季节措施；苗木修剪、病虫害防治	人工+辅材+机械	157	176	157	180	188	172	169
79	绿化工程	绿化苗木栽植	散植灌木及灌木球（高度<1m）	元/株	按设计图示数量计算	苗木场内倒运，栽植，苗木养护，保活措施，冬季节措施、反季节措施；苗木修剪、病虫害防治	人工+辅材+机械	42	47	42	48	50	46	45
80	绿化工程	绿化苗木栽植	散植灌木及灌木球（高度1.5~2m）	元/株	按设计图示数量计算	苗木场内倒运，栽植，苗木养护，保活措施，冬季节措施、反季节措施；苗木修剪、病虫害防治	人工+辅材+机械	52	59	52	61	63	57	56
81	绿化工程	绿化苗木栽植	散植灌木及灌木球（高度2~2.5m）	元/株	按设计图示数量计算	苗木场内倒运，栽植，苗木养护，保活措施，冬季节措施、反季节措施；苗木修剪、病虫害防治	人工+辅材+机械	105	117	105	120	125	115	115
82	绿化工程	绿化苗木栽植	散植灌木及灌木球（高度2.5~3m）	元/株	按设计图示数量计算	苗木场内倒运，栽植，苗木养护，保活措施，冬季节措施、反季节措施；苗木修剪、病虫害防治	人工+辅材+机械	136	149	136	157	163	146	146

(续)

序号	项目类别	项目名称	清单名称	单位	工程量计算规则	项目特征	承包范围	单价（含税）/元						
								东北（辽宁、吉林等）	华北（河北、北京等）	华中（河南、湖北等）	华东（江苏、山东等）	华南（广东、福建等）	西北（陕西、甘肃等）	西南（四川、云南等）
83	绿化工程	绿化苗木栽植	片植灌木（高度>1.5m）	元/m²	按设计图示面积计算	苗木场内倒运、栽植，苗木养护，保活措施防护、反季节措施、冬季防寒；苗木修剪、病虫害防治	人工+辅材+机械	42	47	48	48	50	46	45
84	绿化工程	绿化苗木栽植	片植灌木（高度1.2~1.5m）	元/m²	按设计图示面积计算	苗木场内倒运、栽植，苗木养护，保活措施防护、反季节措施、冬季防寒；苗木修剪、病虫害防治	人工+辅材+机械	31	35	31	36	38	34	33
85	绿化工程	绿化苗木栽植	竹类栽植（密度>12丛/m²）	元/m²	按设计图示面积计算	苗木场内倒运、栽植，苗木养护，保活措施防护、反季节措施、冬季防寒；苗木修剪、病虫害防治	人工+辅材+机械	42	47	42	48	50	46	45
86	绿化工程	绿化苗木栽植	色带绿篱栽植（密度40~60株丛/m²）	元/m²	按设计图示面积计算	苗木场内倒运、栽植，苗木养护，保活措施防护、反季节措施、冬季防寒；苗木修剪、病虫害防治	人工+辅材+机械	31	35	31	36	38	34	33

						单价					
87	绿化工程	绿化苗木栽植	播撒草种	元/m²	按设计图示面积计算	播撒草种；苗木养护、保活措施、反季节措施、冬季防寒；苗木修剪、病虫害防治	人工+辅材+机械	3	4	3	4	4	3	3
88	绿化工程	绿化苗木栽植	铺草卷	元/m²	按设计图示面积计算	苗木场内倒运、栽植；苗木养护、保活措施、反季节措施、冬季防寒；苗木修剪、病虫害防治	人工+辅材+机械	2	2	2	2	3	2	2
89	绿化工程	绿化苗木栽植	时令花卉栽植	元/m²	按设计图示面积计算	苗木场内倒运、栽植；苗木养护、保活措施、反季节措施、冬季防寒；苗木修剪、病虫害防治	人工+辅材+机械	16	17	16	18	19	17	17
90	绿化工程	绿化苗木栽植	宿根花卉栽植	元/m²	按设计图示面积计算	苗木场内倒运、栽植；苗木养护、保活措施、反季节措施、冬季防寒；苗木修剪、病虫害防治	人工+辅材+机械	16	17	16	18	19	17	17
91	绿化工程	绿化苗木栽植	攀缘植物栽植	元/m²	按设计图示面积计算	苗木场内倒运、栽植；苗木养护、保活措施、反季节措施、冬季防寒；苗木修剪、病虫害防治	人工+辅材+机械	6	7	6	7	8	7	7

(续)

序号	项目类别	项目名称	清单名称	单位	工程量计算规则	项目特征	承包范围	单价（含税）/元						
								东北（辽宁、吉林等）	华北（河北、北京等）	华中（河南、湖北等）	华东（江苏、山东等）	华南（广东、福建等）	西北（陕西、甘肃等）	西南（四川、云南等）
92	绿化工程	养护	灌木及地坪养护（养护期1年）-特级绿化	元/m²	按设计图示面积计算	养护、防寒、遮阴、反季节养护、施肥、打药、取水浇水等全过程	养护费用	30	26	28	23	35	30	28
93	绿化工程	养护	灌木及地坪养护（养护期1年）-一级绿化	元/m²	按设计图示面积计算	养护、防寒、遮阴、反季节养护、施肥、打药、取水浇水等全过程	养护费用	18	16	14	20	18	16	14
94	绿化工程	养护	灌木及地坪养护（养护期1年）-二级绿化	元/m²	按设计图示面积计算	养护、防寒、遮阴、反季节养护、施肥、打药、取水浇水等全过程	养护费用	13	10	7	9	10	9	8
95	绿化工程	养护	灌木及地坪养护（养护期1年）-三级绿化	元/m²	按设计图示面积计算	养护、防寒、遮阴、反季节养护、施肥、打药、取水浇水等全过程	养护费用	6	8	4	8	6	5	6

序号			单位	计算规则	工作内容							
96	绿化工程	养护	灌木及地坪养护(养护期1年)-四级绿化	元/m²	按设计图示面积计算	养护、防寒、遮阴、反季节养护、除虫、打药、施肥、取水阀取水浇水等全过程	养护费用	4	3	2	4	2	4	3
97	绿化工程	绿化苗木栽植	乔灌木防寒	元/株	按设计图示数量计算	苗木绕绳、塑料薄膜覆盖	养护费用	26	26	24	26	27	28	25
98	绿化工程	绿化苗木栽植	树木支撑、四脚桩支撑(圆木桩)	元/株	按设计图示数量计算	运料、裁料、定位固定、挖土、埋桩、绑扎、清理现场	养护费用	24	23	22	25	26	20	25
99	绿化工程	绿化苗木栽植	树体输养、保湿项目，胸径200mm以内	元/株	按设计图示数量计算	配制营养液(水)、安装、绑扎、固定等	养护费用	12	11	10	12	13	12	11
100	绿化工程	绿化苗木栽植	树体输养、保湿项目，胸径200mm以外	元/株	按设计图示数量计算	配制营养液(水)、安装、绑扎、固定等	养护费用	15	16	18	14	15	16	18
101	绿化工程	绿化苗木栽植	树干刷白	元/株	按设计图示数量计算	制涂白剂、粉刷、清理	养护费用	5	6	5	4	5	7	6

第三篇

总承包对甲方成本——定额体系搭建

本篇是站在总承包对甲方角度进行的成本测算。定额是大家最常用的报价方式,但很多人习惯按照定额制定好的规则,去做一个执行者,而没有真正对定额进行过思考,本篇罗列了园林工程每一项清单的定额综合单价及建议套用的定额子目,能够帮助大家在不知道如何套定额时,找到解决答案。

各地区定额计算规则有所差异,定额名称有所不同,但万变不离其宗,大家结合本地区定额借鉴使用即可。

清单及综合体系 2024

一、土石方工程

序号	项目类别	项目名称	清单名称	单位	特征描述	人工费/元	材料费/元	机械费/元	管理费/元	利润/元	综合单价/元	推荐执行定额子目
1	园林绿化工程	绿地整理	整理绿化用地	m²	1. 绿化地铲除杂草 2. 运距：投标人综合考虑	1.44	0.04	4.57	0.9	1.08	8.03	推荐定额： 1. 绿化地铲除杂草 2. 自卸汽车运土方，运距1km内，实际运距5km
2	园林绿化工程	绿地整理	绿地起坡造型	m³	起坡平均高度约50cm	3.62	38.75	6.33	1.29	1.79	51.78	推荐定额： 微坡地形土方堆置（坡顶与坡底高差在50cm以内）
3	园林绿化工程	种植土回填	种植土回（换）填	m³	1. 回填土质要求：种植用种植土 2. 回填土厚度：40cm 3. 其他：未尽事项详见招标图纸、招标文件及国家相关规范	20.44	40.88	1	2.66	3.68	68.66	推荐定额： 人工换耕植土
4	园林绿化工程	砍伐乔灌木	砍伐乔木	株	1. 树干胸径：10cm以内 2. 其他：未尽事项，详见招标图纸、招标文件及国家相关规范	20.49	0	5.07	3.32	4.6	33.48	推荐定额： 砍伐乔木，胸径10cm以内
5	园林绿化工程	砍伐乔灌木	砍挖灌木丛及根	丛	丛高或冠径：冠径60cm	1.65	0	0.53	0.28	0.39	2.85	推荐定额： 砍挖灌木，冠径60cm以内

序号	专业	子目	项目名称	单位	项目特征						推荐定额
6	园林绿化工程	土石方工程	挖土方	m³	1. 土壤类别：综合考虑 2. 弃土运距：投标人自行考虑	0.65	0	3.43	0.51	0.73	5.32	推荐定额： 挖掘机挖装一般土方，一、二类土
7	园林绿化工程	土石方工程	挖淤泥、流沙	m³	1. 土壤类别：综合考虑 2. 弃土运距：投标人自行考虑	0.77	0	8.81	1.21	1.72	12.51	推荐定额： 挖掘机挖装淤泥、流沙
8	园林绿化工程	土石方工程	回填方	m³	1. 回填厚度：综合考虑 2. 密实度要求：设计要求 3. 填方材料品种：素土	12.3	0	2.45	1.86	2.65	19.26	推荐定额： 回填土夯实机夯实槽、坑

二、景观工程

序号	专业	子目	项目名称	单位	项目特征						推荐定额
9	景观工程	园路基层	基础工程－夯实	m²	1. 路床、人行道整形碾压：放样，挖高填低，推土机整平，找平，碾压，检验，人工配合处理机械碾压不到之处 2. 夯实按规范要求 3. 按图纸及规范规定的其他工作	1.45	0	0.18	0.18	0.29	2.1	推荐定额： 人行道整形碾压
10	景观工程	园路基层	基础工程－3∶7灰土垫层	m³	1. 垫层材料种类、配合比：3∶7灰土垫层 2. 按图纸及规范规定的其他工作	54.6	48.88	1.86	9.62	10.16	125.12	推荐定额： 垫层灰土3∶7

(续)

序号	项目类别	项目名称	清单名称	单位	特征描述	人工费/元	材料费/元	机械费/元	管理费/元	利润/元	综合单价/元	推荐执行定额子目
11	景观工程	园路基层	基础工程－2∶8灰土垫层	m³	1. 垫层材料种类，配合比：2∶8灰土垫层 2. 按图纸及规范规定的其他工作	54.6	32.6	1.86	8.13	10.16	107.35	推荐定额：垫层灰土2∶8
12	景观工程	园路基层	基础工程－砂垫层	m³	1. 垫层材料种类：砂垫层 2. 按图纸及规范规定的其他工作	24	120.94	1	13.33	4.5	163.77	推荐定额：垫层砂
13	景观工程	园路基层	基础工程－天然级配砂石垫层	m³	1. 垫层材料种类：级配砂石垫层 2. 按图纸及规范规定的其他工作	35.64	126.12	1.96	14.95	6.77	185.44	推荐定额：垫层天然级配砂石
14	景观工程	园路基层	基础工程－天然级配碎石垫层	m³	1. 垫层材料种类：级配碎石垫层 2. 按图纸及规范规定的其他工作	35.64	146.84	1.96	16.85	6.77	208.06	推荐定额：垫层天然级配碎石换为[级配碎石]
15	景观工程	园路基层	基础工程－C15混凝土垫层	m³	1. 垫层材料种类：C15混凝土垫层 2. 按图纸及规范规定的其他工作	37.8	377.41	6.14	38.49	7.91	467.75	推荐定额：垫层混凝土

										推荐定额
16	景观工程	园路基层	水泥稳定碎（砾）石垫层	m²	1. 垫层材料种类、厚度：15cm厚水泥稳定碎（砾）石垫层 2. 按图纸及规范规定的其他工作	3.02	55.5	2.04	5.53	0.91	67	道路基层水泥稳定碎石人机混合（水泥含量5%）厚度15cm
17	景观工程	景观园路	面层铺装-水泥混凝土路面	m²	1. 名称：20cm厚水泥混凝土路面 2. 混凝土标号：C30 3. 成品保护，完工清洁、工程移交等完成项目的全部内容 4. 按图纸及规范规定的其他工作	31.37	71.51	0.32	3.6	5.7	112.5	水泥混凝土路面厚度20cm
18	景观工程	景观园路	园路-花岗石	m²	1. 路面材料种类：300mm×600mm×50mm水烧面芝麻灰花岗石 2. 砂浆强度等级：30mm厚1:3水泥砂浆 3. 按图纸及规范规定的其他工作	27.21	165.95	0	3.09	4.9	201.15	花岗石人行道面厚5cm合并制作子目抹灰用石灰水泥砂浆（配合比）1:3
19	景观工程	景观园路	园路-嵌草砖	m²	1. 路面厚度、宽度、材料种类：100mm厚400mm×400mm嵌草砖，孔内填泥种草 2. 具体按设计图纸要求 3. 按图纸及规范规定的其他工作	11.74	58.35	0	1.84	2.11	74.04	嵌草砖铺装砂结合层（5cm厚）

(续)

序号	项目类别	项目名称	清单名称	单位	特征描述	人工费/元	材料费/元	机械费/元	管理费/元	利润/元	综合单价/元	推荐执行定额子目
20	景观工程	景观园路	园路-透水砖	m²	1. 透水砖品种、规格、颜色：300mm×150mm×55mm浅灰色透水砖，勾缝，粗砂灌缝 2. 结合层：30mm厚中砂找平层 3. 按图纸及规范规定的其他工作	10.36	73.5	0	1.18	1.86	86.9	推荐定额： 人行道砖砂垫层（结合层）厚度3cm
21	景观工程	景观园路	园路-植草砖	m²	1. 地面种类：植草砖平铺地面 2. 结合层：1:2水泥砂浆 3. 按图纸及规范规定的其他工作	15.86	49.69	0	1.8	2.85	70.2	推荐定额： 人工铺植草砖
22	景观工程	景观园路	园路-嵌草砖植草	m²	1. 嵌草砖孔内填泥种草 2. 按图纸及规范规定的其他工作	6.3	11.59	0.68	0.91	1.26	20.74	推荐定额： 嵌草砖植草
23	景观工程	景观园路	园路-PC砖	m²	1. 路面材料种类：600mm×600mm×20mm黑色仿石PC砖 2. 垫层厚度、材料种类：30mm厚中砂 3. 按图纸及规范规定的其他工作	11.74	84.46	0	1.84	2.11	100.15	推荐定额： 水泥砖路面砂结合层（5cm厚）

序号	分类	子项	做法	单位	做法明细						推荐定额
24	景观工程	景观园路	园路-汀步	m²	1. 花岗石汀步 2. 30mm厚1:3水泥砂浆 3. 按图纸及规范规定的其他工作	36	250.6	0.95	26.27	6.65	320.47	推荐定额： 汀步石（花岗石）
25	景观工程	景观园路	面层铺装-水刷石	m²	1. 名称：水刷石地面 2. 做法：正常分格 3. 成品保护、完工清洁，工程移交等完成项目的全部内容 4. 按图纸及规范规定的其他工作	55.47	24.77	1.19	8.88	10.2	100.51	推荐定额： 水刷石路面分格
26	景观工程	景观园路	面层铺装-卵石	m²	1. 名称：卵石地面 2. 做法：拼花 3. 成品保护、完工清洁，工程移交等完成项目的全部内容 4. 按图纸及规范规定的其他工作	199.16	67.7	0.73	31.33	35.99	334.91	推荐定额： 满铺卵石面（拼花）
27	景观工程	景观园路	园路-室外塑胶地面	m²	1. 粉红色EPDM塑胶铺地 2. 胶粘剂 3. 按图纸及规范规定的其他工作	17.64	140.66	0.44	14.5	3.25	176.49	推荐定额： 弹性面层塑胶板
28	景观工程	景观园路	园路-防腐地板、木栈道	m²	1. 防腐木地板 2. 按图纸及规范规定的其他工作	94.44	528.45	2.44	57.12	17.44	699.89	推荐定额： 室外木地板钢龙骨厚50mm以内
29	景观工程	景观园路	文字、字符、图形、标线等	m²	1. 文字、字符、图形、标线等 2. 施工方式：热熔 3. 按图纸及规范规定的其他工作	11	16.27	9.25	2.3	3.65	42.47	推荐定额： 文字、字符、图形、标线热熔型漆

(续)

序号	项目类别	项目名称	清单名称	单位	特征描述	人工费/元	材料费/元	机械费/元	管理费/元	利润/元	综合单价/元	推荐执行定额子目
30	景观工程	景观园路	面层铺装-粗粒式沥青混凝土	m³	1. 粗粒式沥青混凝土 AC203 面层铺设、压实,成品保护、养护 3. 成品保护、养护 4. 工程交完工清洁,工程交等完成项目的全部内容 4. 按图纸及规范规定的其他工作	9.9	1025.71	43.07	6.02	9.53	1094.23	推荐定额:机械摊铺沥青混凝土路面(粗粒式)
31	景观工程	景观园路	面层铺装-中粒式沥青混凝土	m³	1. 中粒式沥青混凝土 AC203 面层铺设、压实,成品保护、养护 3. 成品保护、养护 4. 工程交完工清洁,工程交等完成项目的全部内容 4. 按图纸及规范规定的其他工作	10.78	1076.71	43.07	6.12	9.69	1146.37	推荐定额:机械摊铺沥青混凝土路面(中粒式)
32	景观工程	景观园路	面层铺装-细粒式沥青混凝土	m³	1. 细粒式沥青混凝土 AC203 面层铺设、压实,成品保护、养护 3. 成品保护、养护 4. 工程交完工清洁,工程交等完成项目的全部内容 4. 按图纸及规范规定的其他工作	14.96	1178.71	62.04	8.75	13.86	1278.32	推荐定额:机械摊铺沥青混凝土路面(细粒式)

33	景观工程	景观园路	面层铺装-乳化沥青透层	1. 乳化沥青透层(乳化沥青用量1kg/m²，石屑用量3m³/1000m²) 2. 成品保护，完工清洁，工程移交等完成项目的全部内容 3. 按图纸及规范规定的其他工作	m²	0.07	3.64	0.44	0.06	0.09	4.3	推荐定额：喷洒乳化沥青，喷油量1kg/m²
34	景观工程	景观园路	面层铺装-沥青下封层	1. 沥青下封层 2. 厚度：6mm 3. 成品保护，完工清洁，工程移交等完成项目的全部内容 4. 按图纸及规范规定的其他工作	m²	0.65	7.84	0.35	0.11	0.18	9.13	推荐定额：沥青下封层
35	景观工程	景观园路	面层铺装-透水沥青混凝土地面	1. 透水沥青混凝土地面 2. 混凝土强度等级：C25 3. 厚度：50mm厚6mm粒径露骨料透水混凝土，双丙聚氨酯密封处理 4. 达到设计及施工要求，执行规范 5. 按图纸及规范规定的其他工作	m²	4.78	28.16	0.67	0.62	0.98	35.21	推荐定额：透水彩色水泥混凝土面层现浇预拌混凝土基本层厚50mm

（续）

序号	项目类别	项目名称	清单名称	单位	特征描述	人工费/元	材料费/元	机械费/元	管理费/元	利润/元	综合单价/元	推荐执行定额子目
36	景观工程	景观园路	文字、字符、图形、标线等	m²	1. 文字、字符、图形、标线等 2. 施工方式：冷贴 3. 按图纸及规范规定的其他工作	6.6	8.44	2.61	1.05	1.66	20.36	推荐定额：文字、字符、图形、标线常温溶剂型漆
37	景观工程	景观园路	石材台阶面	m²	1. 面层材料品种、规格、颜色：900mm×450mm×100mm芝麻面芝麻黑（异形切割） 2. 按图纸及规范规定的其他工作	55.05	440.04	10	9.76	9.91	524.76	推荐定额：铺贴花岗石台阶水泥砂浆
38	景观工程	景观园路	路缘石	m	1. 150mm×200mm×1000mm路缘石外侧圆弧岗石路缘石 2. 按图纸及规范规定的其他工作	9.57	0.27	0	1.09	1.72	12.65	推荐定额：路缘石铺设花岗石长度50cm
39	景观工程	景观园路	路缘石	m	1. 垫层厚度、材料种类：30mm厚1:3水泥砂浆 2. 路缘石材料种类、规格：混凝土500mm×150mm×300mm 3. 按图纸及规范规定的其他工作	6.84	0.17	0	0.78	1.23	9.02	推荐定额：路缘石铺设混凝土长度50cm

序号	分类	子项	单位	工作内容						推荐定额
40	景观工程	景观园路 面层铺贴收边-花岗石	m²	1. 路面收边材料种类：火烧面芝麻灰花岗石收边 2. 砂浆：30mm厚1:3水泥砂浆 3. 按图纸及规范规定的其他工作	114	383.07	19.32	47.17	24	587.56	推荐定额：块料路面花岗石碎拼（机切边）厚50mm以内
41	景观工程	景观园路 面层铺贴收边-青石板	m²	1. 路面收边材料种类：青石板收边 2. 砂浆：30mm厚1:3水泥砂浆 3. 按图纸及规范规定的其他工作	62.04	104.23	1.74	15.35	11.48	194.84	推荐定额：块料路面青石板碎拼（机切边）厚50mm以内
42	景观工程	廊架 五彩光亭	个	1. 亚克力廊架 2. 包含制作、安装、运输、基础等所有内容 3. 按图纸及规范规定的其他工作		157800				157800	推荐定额：补充定额按项考虑，市场询价，五彩光亭
43	景观工程	景墙 树墙	m	1. 10mm厚镜面不锈钢，面层镜面玻璃 2. 50mm×50mm×6mm主龙骨，30mm×30mm×3mm的次龙骨 3. C30 混凝土基础600mm×600mm通长 4. φ6mm钢筋双排双向，箍筋φ6mm间距200mm 5. 100mm厚C20 混凝土垫层及模板 6. 按图纸及规范规定的其他工作	97.57	5263.22	4.5	25.37	18.37	5409.03	推荐定额： 1. 人工挖土方 2. 垫层混凝土换为[C20预拌混凝土] 3. 混凝土基础条形基础换为[C30预拌混凝土] 4. 现浇混凝土柱 5. 现浇钢筋 φ10mm以外

(续)

序号	项目类别	项目名称	清单名称	单位	特征描述	人工费/元	材料费/元	机械费/元	管理费/元	利润/元	综合单价/元	推荐执行定额子目
44	景观工程	景墙	景墙	m	1. 8mm厚耐候锈钢板堆焊造型 2. C25混凝土基础300mm×300mm通长 3. C20基层垫层100mm厚及模板 4. 100mm厚3:7灰土垫层 5. 按图纸及规范规定的其他工作	204.94	3859.98	8.33	51.87	38.4	4163.52	推荐定额: 1. 人工挖土方 2. 垫层混凝土换为[C20预拌混凝土] 3. 垫层灰土3:7 4. 混凝土基础条形基础换为[C30预拌混凝土] 5. 现浇混凝土柱 6. 预埋铁件安装 7. 钢骨架防锈漆二道换为[氟碳漆面漆]
45	景观工程	景墙	金属网墙	m	1. φ5丝径表面喷涂深灰色氟碳漆 2. 100mm×100mm×5mm钢柱表面喷涂深灰色氟碳漆 3. 基础尺寸500mm×500mm×800mm,C20混凝土及模板 4. 200mm×200mm×8mm钢筋预埋件@1200mm 5. 按图纸及规范规定的其他工作	30	207.18	2.64	5.46	5.88	251.16	推荐定额: 金属绿地栏杆高度1.8m以内

序号	分类	名称	单位	工作内容						推荐定额
46	景观工程	景墙 耐候锈钢板挡墙	m	1. 8mm厚耐候锈钢板挡墙 2. 5mm×50mm×50mm预埋件@1200mm 3. C20混凝土条形基础 4. 模板 5. 防腐防锈处理 6. 按图纸及规范规定的其他工作	116.53	747.22	3.6	79.23	21.61	968.19	推荐定额： 1. 人工挖土方 2. 混凝土条形基础 3. 现浇混凝土柱 4. 预埋件安装 5. 钢骨架防锈漆二道换为[氟碳漆面漆] 6. 室外木地板 7. 钢龙骨厚50mm以内换为[不锈钢板δ＝8mm]
47	景观工程	小品 耐候锈钢板悬空座椅	m	1. 耐候锈钢板悬空座椅 2. 10mm厚不锈钢支撑 3. 按图纸及规范规定的其他工作	37.48	424.56	1.04	42.3	6.93	512.31	推荐定额： 耐候锈钢板悬空座椅
48	景观工程	小品 坐凳	m	1. 30mm厚波萝格防腐木板 2. 10mm厚不锈钢支撑 3. 按图纸及规范规定的其他工作	41.64	471.73	1.16	47	7.71	569.24	推荐定额： 30mm厚波萝格防腐木板
49	景观工程	小品 树池围牙、盖板(箅子)	套	1. 6mm厚304不锈钢树池箅子 2. 600mm×100mm×200mm混凝土树池围牙 3. 200mm厚天然级配砂石 4. 按图纸及规范规定的其他工作	177.36	1320.97	5.67	137.39	32.96	1674.35	推荐定额： 1. 人工挖土方 2. 垫层天然级配砂石 3. 树池围牙混凝土 4. 预埋件安装 5. 钢骨架防锈漆二道换为[氟碳漆面漆] 6. 6mm厚304不锈钢树池箅子

（续）

序号	项目类别	项目名称	清单名称	单位	特征描述	人工费/元	材料费/元	机械费/元	管理费/元	利润/元	综合单价/元	推荐执行定额子目
50	景观工程	小品	条石座椅	m	1. 400mm×400mm×1000mm 白色花岗石自然面 2. 按图纸及规范规定的其他工作	22.28	754.2	24.47	73.16	8.41	882.52	推荐定额：花岗石鏨石座凳
51	景观工程	小品	印花坐凳	个	1. 30mm 厚菠萝格防腐木板 2. 拉丝不锈钢花纹镂空 3. 10mm 厚不锈钢支撑 4. 按图纸及规范规定的其他工作			3500			3500	推荐定额：补充定额按项考虑，市场询价，印花坐凳
52	景观工程	小品	花饰	处	1. 3mm 厚拉丝不锈钢印花 2. 按图纸及规范规定的其他工作			12000			12000	推荐定额：补充定额按项考虑，市场询价，拉丝不锈钢印花
53	景观工程	小品	300mm 厚亚克力 LOGO 字（自发光型）	个	1. 300mm 厚亚克力 LOGO 字（自发光型） 2. 节点自行考虑 3. 按图纸及规范规定的其他工作			4500			4500	推荐定额：补充定额按项考虑，市场询价，亚克力 LOGO 字（自发光型）
54	景观工程	小品	垃圾桶	个	1. 成品垃圾桶 2. 采用户外分类钢制垃圾桶，一组两个垃圾箱 3. 按图纸及规范规定的其他工作			800			800	推荐定额：补充定额按项考虑，市场询价，垃圾桶

55	景观工程	小品	成品座椅	1. 带靠背成品座椅 2. 坐宽 400~450mm, 坐高 420~430mm, 坐深 410~420mm, 坐面倾角 5°~10°, 靠背倾角 110°~115°, 长度 1400~1500mm 3. 坐面材质防腐木或木塑, 椅腿为铸铝 4. 包含制作、安装、运输、基础等所有内容 5. 按图纸及规范规定的其他工作	个			1000	1000	推荐定额: 补充定额按项考虑, 市场询价, 成品座椅
56	景观工程	小品	特色整石坐凳	1. 芝麻花岗石整石水洗面 2. 倒角斜角切边 3. 按图纸及规范规定的其他工作	m	36.45	876.11	45.73	87.54	14.79	1060.62	推荐定额: 花岗石整石坐凳
57	景观工程	小品	成品缝隙式排水沟	1. 材料品种: 成品缝隙式排水沟 2. 细部节点由投标人自行深化考虑, 且满足招标文件、图纸及规范要求	m	20	300	0	0	3.6	323.6	推荐定额: 缝隙式排水沟
58	景观工程	小品	电缆沟、地沟	1. 混凝土种类: 预拌混凝土 2. 混凝土强度等级: C20 3. 细部节点由投标人自行深化考虑, 且满足招标文件、图纸及规范要求	m³	139.44	433.29	3.67	52.65	25.76	654.81	推荐定额: 混凝土排水沟, 换算为[C20 预拌混凝土]

(续)

序号	项目类别	项目名称	清单名称	单位	特征描述	人工费/元	材料费/元	机械费/元	管理费/元	利润/元	综合单价/元	推荐执行定额子目
59	景观工程	小品	花盆（坛、箱）	个	1. 名称：移动花箱 700mm×1100mm×650mm 2. 施工做法：不锈钢架支撑，内做10cm厚PVC板，底层为排水碎石层，土工布，装轻质种植土 3. 细部节点由投标人自行深化考虑，且满足招标文件、图纸及规范要求	24.94	1450.29	0.62	3.64	4.6	1484.09	推荐定额： 1. 成品移动花箱安装 2. 轻质土、滤水层回填级配卵石
60	景观工程	小品	广告灯箱	个	1. 名称：广告灯箱 2200mm×800mm，厚120mm 2. 施工做法：深咖色铝板框架，上部金属板，凸出表面10mm，PMMA外罩，下部浅咖色铝板 3. 包含制作、安装、运输 4. 细部节点由投标人自行深化考虑，且满足招标文件、图纸及规范要求	24	1658.84	0.6	3.05	4.43	1690.92	推荐定额： 成品广告灯箱安装

序号	类别	名称	特征描述	单位					备注
61	景观工程	导览牌	1. 名称：导览牌 2. 施工做法：深咖色铝板框架，中间金属装饰线条边框，PMMA 外罩，上、下部位浅咖色铝板图案 3. 细部节点由投标人自行深化考虑，且满足招标文件、图纸及规范要求	个	24	2808.84	0.6	3.05	4.43	2840.92	推荐定额： 成品导览牌安装
62	景观工程	移动花钵	1. 名称：移动花钵 2. 材质,规格：700mm×400mm×400mm，玻璃钢 3. 细部节点由投标人自行深化考虑，且满足招标文件、图纸及规范要求	个		350				350	推荐定额： 补充定额按项考虑，市场询价，移动花钵
63	景观工程	雕塑	1. 名称：石头雕塑 2. 规格：高度约 1.5m 3. 包含制作、运输、安装、基础等 4. 细部节点由投标人自行深化考虑，且满足招标文件、图纸及规范要求	个		3000				3000	推荐定额： 补充定额按项考虑，市场询价，雕塑
64	景观工程	点风景石	1. 石料种类：黑山石 2. 运输距离综合考虑 3. 其他：未尽事项，详见招标图纸、招标文件及国家相关规范	t	1226.43	1925.57	370.4	321.76	287.43	4131.59	推荐定额： 布置景石单件重量 5t 以内

(续)

序号	项目类别	项目名称	清单名称	单位	特征描述	人工费/元	材料费/元	机械费/元	管理费/元	利润/元	综合单价/元	推荐执行定额子目
三、绿化工程												
65	绿化工程	常绿针叶乔木	栽植乔木	株	1. 种类：云杉A 2. 规格：高550~600cm，冠径300~350cm，树形优美，树冠均匀完好 3. 苗木场内倒运，栽植，木质四脚架支撑 4. 养护期：1年	232.08	2654.87	57.46	48.26	52.11	3044.78	推荐定额： 1. 栽植乔木，胸径25cm以内 2. 后期养护乔木及果树 3. 树木四脚架支撑（圆木桩）杆长1.2m以内
66	绿化工程	常绿针叶乔木	栽植乔木	株	1. 种类：云杉B 2. 规格：高450~500cm，冠径250~300cm，树形优美，树冠均匀完好 3. 苗木场内倒运，栽植，木质四脚架支撑 4. 养护期：1年	168.18	1609.76	47.84	38.7	38.88	1903.36	推荐定额： 1. 栽植乔木，胸径15cm以内 2. 后期养护乔木及果树 3. 树木四脚架支撑（圆木桩）杆长1.2m以内
67	绿化工程	常绿针叶乔木	栽植乔木	株	1. 种类：云杉C 2. 规格：高300~350cm，冠径180~200cm，树形优美，树冠均匀完好 3. 苗木场内倒运，栽植，木质四脚架支撑 4. 养护期：1年	127.75	877.53	37.02	32.04	29.65	1103.99	推荐定额： 1. 栽植乔木，胸径12cm以内 2. 后期养护乔木及果树 3. 树木四脚架支撑（圆木桩）杆长1.2m以内

序号	项目		项目名称	单位	项目特征					推荐定额
68	绿化工程	常绿针叶乔木	栽植乔木	株	1. 种类：云杉D 2. 规格：高250~300cm，冠径160~180cm，树冠均匀完好 3. 苗木场内倒运，栽植，木质四脚架支撑 4. 养护期：1年	89.19	660.58	3.58	22.68	16.69	792.72	推荐定额： 1. 栽植乔木，胸径8cm以内 2. 后期养护乔木及果树 3. 树木四脚架支撑（圆木桩）杆长1.2m以内
69	绿化工程	常绿针叶乔木	栽植乔木	株	1. 种类：侧柏 2. 规格：高500~600cm，树形优美，树冠均匀完好 3. 苗木场内倒运，栽植，木质四脚架支撑 4. 养护期：1年	232.08	418.87	57.46	48.26	52.11	808.78	推荐定额： 1. 栽植乔木，胸径25cm以内 2. 后期养护乔木及果树 3. 树木四脚架支撑（圆木桩）杆长1.2m以内
70	绿化工程	常绿针叶乔木	栽植乔木	株	1. 种类：圆柏 2. 规格：高500~600cm，树形优美，树冠均匀完好 3. 苗木场内倒运，栽植，木质四脚架支撑 4. 养护期：1年	232.08	574.87	57.46	48.26	52.11	964.78	推荐定额： 1. 栽植乔木，胸径25cm以内 2. 后期养护乔木及果树 3. 树木四脚架支撑（圆木桩）杆长1.2m以内
71	绿化工程	常绿针叶乔木	栽植乔木	株	1. 种类：油松A 2. 规格：高500~600cm，冠径350~400cm，树冠均匀完好 3. 苗木场内倒运，栽植，木质四脚架支撑 4. 养护期：1年	232.08	3174.87	57.46	48.26	52.11	3564.78	推荐定额： 1. 栽植乔木，胸径25cm以内 2. 后期养护乔木及果树 3. 树木四脚架支撑（圆木桩）杆长1.2m以内

(续)

序号	项目类别	项目名称	清单名称	单位	特征描述	人工费/元	材料费/元	机械费/元	管理费/元	利润/元	综合单价/元	推荐执行定额子目
72	绿化工程	常绿针叶乔木	栽植乔木	株	1. 种类：油松 B 2. 规格：高 200~300cm，冠径 200~250cm，树形优美，树冠均匀完好 3. 苗木场内倒运，栽植，木质四脚架支撑 4. 养护期：1年	68	659.06	3.21	19.88	12.81	762.96	推荐定额： 1. 栽植乔木，胸径 6cm 以内 2. 后期养护乔木及果树 3. 树木四脚架支撑（圆木桩）杆长 1.2m 以内
73	绿化工程	常绿针叶乔木	栽植乔木	株	1. 种类：樟子松 2. 规格：高 200~300cm，冠径 200~250cm，树形优美，树冠均匀完好 3. 苗木场内倒运，栽植，木质四脚架支撑 4. 养护期：1年	168.18	569.76	47.84	38.7	38.88	863.36	推荐定额： 1. 栽植乔木，胸径 15cm 以内 2. 后期养护乔木及果树 3. 树木四脚架支撑（圆木桩）杆长 1.2m 以内
74	绿化工程	常绿针叶乔木	栽植乔木	株	1. 种类：白皮松 A 2. 规格：高 400~450cm，冠径 350~400cm，树形优美，树冠均匀完好 3. 苗木场内倒运，栽植，木质四脚架支撑 4. 养护期：1年	168.18	3169.76	47.84	38.7	38.88	3463.36	推荐定额： 1. 栽植乔木，胸径 15cm 以内 2. 后期养护乔木及果树 3. 树木四脚架支撑（圆木桩）杆长 1.2m 以内

序号			名称	单位	特征描述					推荐定额
75	绿化工程	常绿针叶乔木	栽植乔木	株	1. 种类：白皮松 B 2. 规格：高 350~400cm，冠径 350~400cm，树形优美，树冠均匀完好 3. 苗木场内倒运，栽植，木质四脚架支撑 4. 养护期：1 年	127.75	2645.53	37.02	32.04	29.65	2871.99	推荐定额： 1. 栽植乔木，胸径 15cm 以内 2. 后期养护乔木及果树 3. 树木四脚架支撑（圆木桩）杆长 1.3m 以内
76	绿化工程	常绿针叶乔木	栽植乔木	株	1. 种类：雪松 A 2. 规格：高 500~600cm，冠径 350~400cm，树形优美，树冠均匀完好 3. 苗木场内倒运，栽植，木质四脚架支撑 4. 养护期：1 年	168.18	1193.76	47.84	38.7	38.88	1487.36	推荐定额： 1. 栽植乔木，胸径 15cm 以内 2. 后期养护乔木及果树 3. 树木四脚架支撑（圆木桩）杆长 1.2m 以内
77	绿化工程	常绿针叶乔木	栽植乔木	株	1. 种类：雪松 B 2. 规格：高 300~350cm，冠径 300~350cm，树形优美，树冠均匀完好 3. 苗木场内倒运，栽植，木质四脚架支撑 4. 养护期：1 年	127.75	1085.53	37.02	32.04	29.65	1311.99	推荐定额： 1. 栽植乔木，胸径 12cm 以内 2. 后期养护乔木及果树 3. 树木四脚架支撑（圆木桩）杆长 1.2m 以内
78	绿化工程	落叶大乔木	栽植乔木	株	1. 种类：国槐 A 2. 规格：胸径 20~25cm，树形优美，树冠均匀完好 3. 苗木场内倒运，栽植，木质四脚架支撑 4. 养护期：1 年	232.08	3694.87	57.46	48.26	52.11	4084.78	推荐定额： 1. 栽植乔木，胸径 25cm 以内 2. 后期养护乔木及果树 3. 树木四脚架支撑（圆木桩）杆长 1.2m 以内

(续)

序号	项目类别	项目名称	清单名称	单位	特征描述	人工费/元	材料费/元	机械费/元	管理费/元	利润/元	综合单价/元	推荐执行定额子目
79	绿化工程	落叶大乔木	栽植乔木	株	1. 种类：国槐 B 2. 规格：胸径 15~18cm，树形优美，树冠均匀完好 3. 苗木场内倒运，栽植，木质四脚架支撑 4. 养护期：1年	179.01	2651.82	57.68	41.39	42.6	2972.5	推荐定额： 1. 栽植乔木，胸径 18cm 以内 2. 后期养护乔木及果树 3. 树木四脚架支撑（圆木桩）杆长 1.2m 以内
80	绿化工程	落叶大乔木	栽植乔木	株	1. 种类：国槐 C 2. 规格：胸径 10~12cm，树形优美，树冠均匀完好 3. 苗木场内倒运，栽植，木质四脚架支撑 4. 养护期：1年	127.75	1085.53	37.02	32.04	29.65	1311.99	推荐定额： 1. 栽植乔木，胸径 12cm 以内 2. 后期养护乔木及果树 3. 树木四脚架支撑（圆木桩）杆长 1.2m 以内
81	绿化工程	落叶大乔木	栽植乔木	株	1. 种类：元宝枫 A 2. 规格：胸径 20~22cm，树形优美，树冠均匀完好 3. 苗木场内倒运，栽植，木质四脚架支撑 4. 养护期：1年	205.54	12533.7	55.25	44.52	46.94	12885.95	推荐定额： 1. 栽植乔木，胸径 20cm 以内 2. 后期养护乔木及果树 3. 树木四脚架支撑（圆木桩）杆长 1.2m 以内
82	绿化工程	落叶大乔木	栽植乔木	株	1. 种类：元宝枫 B 2. 规格：胸径 10~12cm，树形优美，树冠均匀完好 3. 苗木场内倒运，栽植，木质四脚架支撑 4. 养护期：1年	127.75	1189.53	37.02	32.04	29.65	1415.99	推荐定额： 1. 栽植乔木，胸径 12cm 以内 2. 后期养护乔木及果树 3. 树木四脚架支撑（圆木桩）杆长 1.2m 以内

序号			单位	特征描述					推荐定额
83	绿化工程	落叶大乔木	栽植乔木	株	1. 种类：丛生元宝枫A 2. 规格：胸径10~12cm，树形优美 3. 苗木场内倒运、栽植，树冠均匀完好、木质四脚架支撑 4. 养护期：1年	127.75	3165.53	37.02	32.04	29.65	3391.99	推荐定额： 1. 栽植乔木，胸径12cm以内 2. 后期养护乔木及果树 3. 树木四脚架支撑（圆木桩）杆长1.2m以内
84	绿化工程	落叶大乔木	栽植乔木	株	1. 种类：丛生元宝枫B 2. 规格：胸径20~22cm，树形优美 3. 苗木场内倒运、栽植，树冠均匀完好、木质四脚架支撑 4. 养护期：1年	205.54	15653.7	55.25	44.52	46.94	16005.95	推荐定额： 1. 栽植乔木，胸径20cm以内 2. 后期养护乔木及果树 3. 树木四脚架支撑（圆木桩）杆长1.2m以内
85	绿化工程	落叶大乔木	栽植乔木	株	1. 种类：蒙古栎 2. 规格：胸径18~20cm，树形优美 3. 苗木场内倒运、栽植，树冠均匀完好、木质四脚架支撑 4. 养护期：1年	179.01	6499.82	57.68	41.39	42.6	6820.5	推荐定额： 1. 栽植乔木，胸径18cm以内 2. 后期养护乔木及果树 3. 树木四脚架支撑（圆木桩）杆长1.2m以内
86	绿化工程	落叶大乔木	栽植乔木	株	1. 种类：蒙古栎 2. 规格：胸径18~20cm，树形优美 3. 苗木场内倒运、栽植，树冠均匀完好、木质四脚架支撑 4. 养护期：1年	179.01	10451.8	57.68	41.39	42.6	10772.48	推荐定额： 1. 栽植乔木，胸径18cm以内 2. 后期养护乔木及果树 3. 树木四脚架支撑（圆木桩）杆长1.2m以内

(续)

序号	项目类别	项目名称	清单名称	单位	特征描述	人工费/元	材料费/元	机械费/元	管理费/元	利润/元	综合单价/元	推荐执行定额子目
87	绿化工程	落叶大乔木	栽植乔木	株	1. 种类：银杏 A 2. 规格：胸径 18~20cm，树形优美，苗木场内倒运，栽植，木质四脚架支撑 4. 养护期：1 年	179.01	4003.82	56.06	41.39	42.06	4322.34	推荐定额： 1. 栽植乔木，胸径 18cm 以内 2. 后期养护乔木及果树 3. 树木四脚架支撑（圆木桩）杆长 1.2m 以内
88	绿化工程	落叶大乔木	栽植乔木	株	1. 种类：银杏 B 2. 规格：胸径 12~15cm，树形优美，苗木场内倒运，栽植，木质四脚架支撑 4. 养护期：1 年	168.18	1297.76	47.84	24	38.88	1576.66	推荐定额： 1. 栽植乔木，胸径 15cm 以内 2. 后期养护乔木及果树 3. 树木四脚架支撑（圆木桩）杆长 1.2m 以内
89	绿化工程	落叶大乔木	栽植乔木	株	1. 种类：白蜡 A 2. 规格：胸径 18~20cm，树形优美，苗木场内倒运，栽植，木质四脚架支撑 4. 养护期：1 年	179.01	3614.82	57.68	41.39	42.6	3935.5	推荐定额： 1. 栽植乔木，胸径 18cm 以内 2. 后期养护乔木及果树 3. 树木四脚架支撑（圆木桩）杆长 1.2m 以内
90	绿化工程	落叶大乔木	栽植乔木	株	1. 种类：白蜡 B 2. 规格：胸径 12~15cm，树形优美，苗木场内倒运，栽植，木质四脚架支撑 4. 养护期：1 年	168.18	1089.76	47.84	38.7	38.88	1383.36	推荐定额： 1. 栽植乔木，胸径 15cm 以内 2. 后期养护乔木及果树 3. 树木四脚架支撑（圆木桩）杆长 1.2m 以内

序号				特征描述					推荐定额
91	绿化工程	落叶大乔木	栽植乔木	株	1. 种类：法桐 A 2. 规格：胸径 18~20cm，树形优美，树冠均匀 3. 苗木场内倒运，栽植，木质四脚架支撑 4. 养护期：1年	168.18	2961.76	47.84	38.7	38.88	3255.36	推荐定额： 1. 栽植乔木，胸径 18cm 以内 2. 后期养护乔木及果树 3. 树木四脚架支撑（圆木桩）杆长 1.2m 以内
92	绿化工程	落叶大乔木	栽植乔木	株	1. 种类：法桐 B 2. 规格：胸径 12~15cm，树形优美，树冠均匀 3. 苗木场内倒运，栽植，木质四脚架支撑 4. 养护期：1年	168.18	569.76	47.84	38.7	38.88	863.36	推荐定额： 1. 栽植乔木，胸径 15cm 以内 2. 后期养护乔木及果树 3. 树木四脚架支撑（圆木桩）杆长 1.2m 以内
93	绿化工程	落叶大乔木	栽植乔木	株	1. 种类：栾树 2. 规格：胸径 10~12cm，树形优美，树冠均匀 3. 苗木场内倒运，栽植，木质四脚架支撑 4. 养护期：1年	127.75	981.53	37.02	32.04	29.65	1207.99	推荐定额： 1. 栽植乔木，胸径 12cm 以内 2. 后期养护乔木及果树 3. 树木四脚架支撑（圆木桩）杆长 1.2m 以内
94	绿化工程	落叶大乔木	栽植乔木	株	1. 种类：梓树 2. 规格：胸径 15~18cm，树形优美，树冠均匀 3. 苗木场内倒运，栽植，木质四脚架支撑 4. 养护期：1年	179.01	2131.82	57.68	41.39	42.6	2452.5	推荐定额： 1. 栽植乔木，胸径 18cm 以内 2. 后期养护乔木及果树 3. 树木四脚架支撑（圆木桩）杆长 1.2m 以内

(续)

序号	项目类别	项目名称	清单名称	单位	特征描述	人工费/元	材料费/元	机械费/元	管理费/元	利润/元	综合单价/元	推荐执行定额子目
95	绿化工程	落叶大乔木	栽植乔木	株	1. 种类：楸树 2. 规格：胸径15~18cm，树形优美 3. 苗木场内倒运、栽植，树冠均匀完好 4. 养护期：1年	179.01	1715.82	57.68	41.39	42.6	2036.5	推荐定额： 1. 栽植乔木，胸径18cm以内 2. 后期养护乔木及果树 3. 树木四脚架支撑（圆木桩）杆长1.2m以内
96	绿化工程	落叶大乔木	栽植乔木	株	1. 种类：榆树 2. 规格：胸径25~28cm，树形优美 3. 苗木场内倒运、栽植，树冠均匀完好 4. 养护期：1年	232.08	2758.87	57.46	48.26	52.11	3148.78	推荐定额： 1. 栽植乔木，胸径25cm以内 2. 后期养护乔木及果树 3. 树木四脚架支撑（圆木桩）杆长1.2m以内
97	绿化工程	落叶大乔木	栽植乔木	株	1. 种类：金叶榆 2. 规格：胸径24~25cm，树形优美 3. 苗木场内倒运、栽植，树冠均匀完好 4. 养护期：1年	232.08	2446.87	57.46	48.26	52.11	2836.78	推荐定额： 1. 栽植乔木，胸径25cm以内 2. 后期养护乔木及果树 3. 树木四脚架支撑（圆木桩）杆长1.2m以内
98	绿化工程	落叶大乔木	栽植乔木	株	1. 种类：刺槐 2. 规格：胸径12~15cm，树形优美 3. 苗木场内倒运、栽植，树冠均匀完好 4. 养护期：1年	168.18	881.76	47.84	38.7	38.88	1175.36	推荐定额： 1. 栽植乔木，胸径15cm以内 2. 后期养护乔木及果树 3. 树木四脚架支撑（圆木桩）杆长1.2m以内

序号	专业	分类	项目名称	单位	项目特征					推荐定额
99	绿化工程	落叶大乔木	栽植乔木	株	1. 种类：垂柳 2. 规格：胸径 10~12cm，树形优美，树冠均匀完好 3. 苗木场内倒运，栽植、木质四脚架支撑 4. 养护期：1年	127.75	513.53	37.02	32.04	29.65	739.99	推荐定额： 1. 栽植乔木，胸径 12cm 以内 2. 后期养护乔木及果树 3. 树木四脚架支撑（圆木桩）杆长 1.2m 以内
100	绿化工程	落叶大乔木	栽植乔木	株	1. 种类：金丝垂柳 2. 规格：胸径 13~15cm，树形优美，树冠均匀完好 3. 苗木场内倒运，栽植、木质四脚架支撑 4. 养护期：1年	168.18	881.76	47.84	38.7	38.88	1175.36	推荐定额： 1. 栽植乔木，胸径 15cm 以内 2. 后期养护乔木及果树 3. 树木四脚架支撑（圆木桩）杆长 1.2m 以内
101	绿化工程	落叶大乔木	栽植乔木	株	1. 种类：速生杨 2. 规格：胸径 13~15cm，树形优美，树冠均匀完好 3. 苗木场内倒运，栽植、木质四脚架支撑 4. 养护期：1年	168.18	153.76	47.84	38.7	38.88	447.36	推荐定额： 1. 栽植乔木，胸径 15cm 以内 2. 后期养护乔木及果树 3. 树木四脚架支撑（圆木桩）杆长 1.2m 以内
102	绿化工程	落叶大乔木	栽植乔木	株	1. 种类：朴树 2. 规格：胸径 15~18cm，树形优美，树冠均匀完好 3. 苗木场内倒运，栽植、木质四脚架支撑 4. 养护期：1年	179.01	2131.82	57.68	41.39	42.6	2452.5	推荐定额： 1. 栽植乔木，胸径 18cm 以内 2. 后期养护乔木及果树 3. 树木四脚架支撑（圆木桩）杆长 1.2m 以内

(续)

序号	项目类别	项目名称	清单名称	单位	特征描述	人工费/元	材料费/元	机械费/元	管理费/元	利润/元	综合单价/元	推荐执行定额子目
103	绿化工程	落叶大乔木	栽植乔木	株	1. 种类：板栗 2. 规格：胸径15~18cm，树形优美、树冠均匀完好 3. 苗木场内倒运，栽植 4. 养护期：1年	179.01	1299.82	57.68	41.39	42.6	1620.5	推荐定额： 1. 栽植乔木，胸径18cm以内 2. 后期养护乔木及果树 3. 树木四脚架支撑（圆木桩）杆长1.2m以内
104	绿化工程	落叶大乔木	栽植乔木	株	1. 种类：核桃 2. 规格：胸径13~15cm，树形优美、树冠均匀完好 3. 苗木场内倒运，栽植 4. 养护期：1年	168.18	1401.76	47.84	38.7	38.88	1695.36	推荐定额： 1. 栽植乔木，胸径15cm以内 2. 后期养护乔木及果树 3. 树木四脚架支撑（圆木桩）杆长1.2m以内
105	绿化工程	落叶大乔木	栽植乔木	株	1. 种类：复叶槭A 2. 规格：胸径13~15cm，树形优美、树冠均匀完好 3. 苗木场内倒运，栽植 4. 养护期：1年	168.18	2025.76	47.84	38.7	38.88	2319.36	推荐定额： 1. 栽植乔木，胸径15cm以内 2. 后期养护乔木及果树 3. 树木四脚架支撑（圆木桩）杆长1.2m以内
106	绿化工程	落叶大乔木	栽植乔木	株	1. 种类：复叶槭B 2. 规格：胸径18~20cm，树形优美、树冠均匀完好 3. 苗木场内倒运，栽植 4. 养护期：1年	168.18	2753.76	47.84	38.7	38.88	3047.36	推荐定额： 1. 栽植乔木，胸径15cm以内 2. 后期养护乔木及果树 3. 树木四脚架支撑（圆木桩）杆长1.2m以内

序号	专业	类别	子目	单位	项目特征						推荐定额
107	绿化工程	落叶小乔木	栽植乔木	株	1. 种类：杜梨 2. 规格：胸径25~25cm，树形优美，树冠均匀完好 3. 苗木场内倒运、栽植、木质四脚架支撑 4. 养护期：1年	232.08	2550.87	57.46	33.56	52.11	2926.08	推荐定额： 1. 栽植乔木，胸径25cm以内 2. 后期养护乔木及果树 3. 树木四脚架支撑（圆木桩）杆长1.2m以内
108	绿化工程	落叶小乔木	栽植乔木	株	1. 种类：山荆子 2. 规格：胸径15~18cm，树形优美，树冠均匀完好 3. 苗木场内倒运、栽植、木质四脚架支撑 4. 养护期：1年	179.01	2131.82	57.68	48.26	42.6	2459.37	推荐定额： 1. 栽植乔木，胸径18cm以内 2. 后期养护乔木及果树 3. 树木四脚架支撑（圆木桩）杆长1.2m以内
109	绿化工程	落叶小乔木	栽植乔木	株	1. 种类：柿子树 2. 规格：胸径15~18cm，树形优美，树冠均匀完好 3. 苗木场内倒运、栽植、木质四脚架支撑 4. 养护期：1年	179.01	1403.82	57.68	41.39	42.6	1724.5	推荐定额： 1. 栽植乔木，胸径18cm以内 2. 后期养护乔木及果树 3. 树木四脚架支撑（圆木桩）杆长1.2m以内
110	绿化工程	落叶小乔木	栽植乔木	株	1. 种类：白玉兰 2. 规格：胸径15~18cm，树形优美，树冠均匀完好 3. 苗木场内倒运、栽植、木质四脚架支撑 4. 养护期：1年	179.01	3483.82	57.68	41.39	42.6	3804.5	推荐定额： 1. 栽植乔木，胸径18cm以内 2. 后期养护乔木及果树 3. 树木四脚架支撑（圆木桩）杆长1.2m以内

(续)

序号	项目类别	项目名称	清单名称	单位	特征描述	人工费/元	材料费/元	机械费/元	管理费/元	利润/元	综合单价/元	推荐执行定额子目
111	绿化工程	落叶小乔木	栽植乔木	株	1. 种类：樱花 2. 规格：胸径15~18cm，树形优美、树冠均匀完好 3. 苗木场内倒运，栽植，木质四脚脚架支撑 4. 养护期：1年	179.01	3691.82	57.68	41.39	42.6	4012.5	推荐定额： 1. 栽植乔木，胸径18cm以内 2. 后期养护乔木及果树 3. 树木四脚架支撑（圆木桩）杆长1.2m以内
112	绿化工程	落叶小乔木	栽植乔木	株	1. 种类：暴马丁香 2. 规格：胸径15~18cm，树形优美、树冠均匀完好 3. 苗木场内倒运，栽植，木质四脚脚架支撑 4. 养护期：1年	179.01	4835.82	57.68	41.39	42.6	5156.5	推荐定额： 1. 栽植乔木，胸径18cm以内 2. 后期养护乔木及果树 3. 树木四脚架支撑（圆木桩）杆长1.2m以内
113	绿化工程	落叶小乔木	栽植乔木	株	1. 种类：丝棉木 2. 规格：胸径15~18cm，树形优美、树冠均匀完好 3. 苗木场内倒运，栽植，木质四脚脚架支撑 4. 养护期：1年	179.01	3171.82	57.68	41.39	42.6	3492.5	推荐定额： 1. 栽植乔木，胸径18cm以内 2. 后期养护乔木及果树 3. 树木四脚架支撑（圆木桩）杆长1.2m以内
114	绿化工程	落叶小乔木	栽植乔木	株	1. 种类：樱桃 2. 规格：胸径15~18cm，树形优美、树冠均匀完好 3. 苗木场内倒运，栽植，木质四脚脚架支撑 4. 养护期：1年	179.01	3691.82	57.68	41.39	42.6	4012.5	推荐定额： 1. 栽植乔木，胸径18cm以内 2. 后期养护乔木及果树 3. 树木四脚架支撑（圆木桩）杆长1.2m以内

序号	类别	子类	项目名称	单位	特征描述						推荐定额
115	绿化工程	落叶小乔木	栽植乔木	株	1. 种类：苹果 2. 规格：胸径15~18cm，树形优美，树冠均匀完好 3. 苗木场内倒运、栽植，木质四脚架支撑 4. 养护期：1年	179.01	1611.82	57.68	41.39	42.6	1932.5	1. 栽植乔木，胸径18cm以内 2. 后期养护乔木及果树 3. 树木四脚架支撑（圆木桩）杆长1.2m以内
116	绿化工程	落叶小乔木	栽植乔木	株	1. 种类：石榴 2. 规格：胸径15~18cm，树形优美，树冠均匀完好 3. 苗木场内倒运、栽植，木质四脚架支撑 4. 养护期：1年	179.01	1819.82	57.68	41.39	42.6	2140.5	1. 栽植乔木，胸径18cm以内 2. 后期养护乔木及果树 3. 树木四脚架支撑（圆木桩）杆长1.2m以内
117	绿化工程	落叶小乔木	栽植乔木	株	1. 种类：紫叶李 2. 规格：胸径10~12cm，树形优美，树冠均匀完好 3. 苗木场内倒运、栽植，木质四脚架支撑 4. 养护期：1年	127.75	1345.53	37.02	32.04	29.65	1571.99	1. 栽植乔木，胸径12cm以内 2. 后期养护乔木及果树 3. 树木四脚架支撑（圆木桩）杆长1.2m以内
118	绿化工程	落叶小乔木	栽植乔木	株	1. 种类：青枫 2. 规格：胸径10~12cm，树形优美，树冠均匀完好 3. 苗木场内倒运、栽植，木质四脚架支撑 4. 养护期：1年	127.75	3165.53	37.02	32.04	29.65	3391.99	1. 栽植乔木，胸径12cm以内 2. 后期养护乔木及果树 3. 树木四脚架支撑（圆木桩）杆长1.2m以内

(续)

序号	项目类别	项目名称	清单名称	单位	特征描述	人工费/元	材料费/元	机械费/元	管理费/元	利润/元	综合单价/元	推荐执行定额子目
119	绿化工程	落叶小乔木	栽植乔木	株	1. 种类：红枫 2. 规格：胸径10~12cm，树形优美 3. 苗木场内倒运，栽植，木质四脚架支撑 4. 养护期：1年	127.75	3997.53	37.02	32.04	29.65	4223.99	推荐执行定额： 1. 栽植乔木，胸径12cm以内 2. 后期养护乔木及果树 3. 树木四脚架支撑（圆木桩）杆长1.2m以内
120	绿化工程	落叶小乔木	栽植乔木	株	1. 种类：山楂 2. 规格：胸径13~15cm，树形优美 3. 苗木场内倒运，栽植，木质四脚架支撑 4. 养护期：1年	168.18	1401.76	47.84	38.7	38.88	1695.36	推荐执行定额： 1. 栽植乔木，胸径15cm以内 2. 后期养护乔木及果树 3. 树木四脚架支撑（圆木桩）杆长1.2m以内
121	绿化工程	落叶小乔木	栽植乔木	株	1. 种类：海棠-红珠宝 2. 规格：胸径10~12cm，树形优美 3. 苗木场内倒运，栽植，木质四脚架支撑 4. 养护期：1年	127.75	1657.53	37.02	32.04	29.65	1883.99	推荐执行定额： 1. 栽植乔木，胸径12cm以内 2. 后期养护乔木及果树 3. 树木四脚架支撑（圆木桩）杆长1.2m以内
122	绿化工程	落叶小乔木	栽植乔木	株	1. 种类：海棠-亚当 2. 规格：胸径13~15cm，树形优美 3. 苗木场内倒运，栽植，木质四脚架支撑 4. 养护期：1年	168.18	1401.76	47.84	38.7	38.88	1695.36	推荐执行定额： 1. 栽植乔木，胸径15cm以内 2. 后期养护乔木及果树 3. 树木四脚架支撑（圆木桩）杆长1.2m以内

序号				项目特征						推荐定额
123	绿化工程	落叶小乔木	栽植乔木	株	1. 种类：山桃 2. 规格：胸径10~12cm，树形优美，树冠均匀完好 3. 苗木场内倒运，栽植，木质四脚架支撑 4. 养护期：1年	127.75	565.53	37.02	32.04	29.65	791.99	推荐定额： 1. 栽植乔木，胸径12cm以内 2. 后期养护乔木及果树 3. 树木四脚架支撑（圆木桩）杆长1.2m以内
124	绿化工程	落叶小乔木	栽植乔木	株	1. 种类：山杏 2. 规格：胸径10~12cm，树形优美，树冠均匀完好 3. 苗木场内倒运，栽植，木质四脚架支撑 4. 养护期：1年	127.75	877.53	37.02	32.04	29.65	1103.99	推荐定额： 1. 栽植乔木，胸径12cm以内 2. 后期养护乔木及果树 3. 树木四脚架支撑（圆木桩）杆长1.2m以内
125	绿化工程	落叶小乔木	栽植乔木	株	1. 种类：加拿大红樱 2. 规格：胸径13~15cm，树形优美，树冠均匀完好 3. 苗木场内倒运，栽植，木质四脚架支撑 4. 养护期：1年	168.18	1921.76	47.84	38.7	38.88	2215.36	推荐定额： 1. 栽植乔木，胸径15cm以内 2. 后期养护乔木及果树 3. 树木四脚架支撑（圆木桩）杆长1.2m以内
126	绿化工程	落叶小乔木	栽植乔木	株	1. 种类：英格兰植-猩红 2. 规格：胸径10~12cm，树形优美，树冠均匀完好 3. 苗木场内倒运，栽植，木质四脚架支撑 4. 养护期：1年	127.75	2437.53	37.02	32.04	29.65	2663.99	推荐定额： 1. 栽植乔木，胸径12cm以内 2. 后期养护乔木及果树 3. 树木四脚架支撑（圆木桩）杆长1.2m以内

(续)

序号	项目类别	项目名称	清单名称	单位	特征描述	人工费/元	材料费/元	机械费/元	管理费/元	利润/元	综合单价/元	推荐执行定额子目
127	绿化工程	落叶灌木	栽植灌木	株	1. 种类：绣线菊 2. 规格：冠丛高0.3~0.5m，冠幅大于0.3m，树形优美，树冠均匀完好 3. 养护期：1年	16.21	61.76	1.3	6.66	3.15	89.08	推荐定额： 1. 栽植灌木，冠幅40cm以内 2. 后期养护灌木
128	绿化工程	落叶灌木	栽植灌木	株	1. 种类：绣线菊-雪丘 2. 规格：冠丛高1~1.2m，冠幅大于1m，树形优美，树冠均匀完好 3. 养护期：1年	43.48	72.25	2.51	10.36	8.28	136.88	推荐定额： 1. 栽植灌木，冠幅100cm以内 2. 后期养护灌木
129	绿化工程	落叶灌木	栽植灌木	株	1. 种类：华北紫丁香 2. 规格：冠丛高2~2.5m，冠幅大于1.8m，树形优美，树冠均匀完好 3. 养护期：1年	103.67	433.04	4.85	18.49	19.54	579.59	推荐定额： 1. 栽植灌木，冠幅180cm以内 2. 后期养护灌木
130	绿化工程	落叶灌木	栽植灌木	株	1. 种类：欧洲蓝梦丁香 2. 规格：冠丛高1.8~2m，冠幅大于1.5m，树形优美，树冠均匀完好 3. 养护期：1年	76.14	201.31	4.05	14.81	14.44	310.75	推荐定额： 1. 栽植灌木，冠幅150cm以内 2. 后期养护灌木

序号			单位	特征描述						推荐定额
131	绿化工程	落叶灌木	栽植灌木	株	1. 种类：小叶丁香 2. 规格：冠丛高1.5~1.8m，冠幅大于1.5m，树形优美，树冠均匀完好 3. 养护期：1年	76.14	170.11	4.05	14.81	14.44	279.55	推荐定额： 1. 栽植灌木，冠幅150cm以内 2. 后期养护灌木
132	绿化工程	落叶灌木	栽植灌木	株	1. 种类：早花丁香-艾塞斯 2. 规格：冠丛高1~1.2m，冠幅大于0.8m，树形优美，树冠均匀完好 3. 养护期：1年	28.95	475.58	2.09	8.42	5.59	520.63	推荐定额： 1. 栽植灌木，冠幅80cm以内 2. 后期养护灌木
133	绿化工程	落叶灌木	栽植灌木	株	1. 种类：晚花丁香-加拿大女士 2. 规格：冠丛高0.5~0.8m，冠幅大于0.6m，树形优美，树冠均匀完好 3. 养护期：1年	19.51	109.41	1.71	7.14	3.82	141.59	推荐定额： 1. 栽植灌木，冠幅60cm以内 2. 后期养护缘植物
134	绿化工程	落叶灌木	栽植灌木	株	1. 种类：连翘 2. 规格：冠丛高1.5~1.8m，冠幅大于1.8m，树形优美，树冠均匀完好 3. 养护期：1年	103.67	69.04	4.85	18.49	19.54	215.59	推荐定额： 1. 栽植灌木，冠幅180cm以内 2. 后期养护攀缘植物

(续)

序号	项目类别	项目名称	清单名称	单位	特征描述	人工费/元	材料费/元	机械费/元	管理费/元	利润/元	综合单价/元	推荐执行定额子目
135	绿化工程	落叶灌木	栽植灌木	株	1. 种类：迎春花 2. 5年生，冠幅大于1m，树形优美，树冠均匀完好 3. 养护期：1年	43.48	15.05	2.51	10.36	8.28	79.68	推荐定额： 1. 栽植灌木，冠幅100cm以内 2. 后期养护灌木
136	绿化工程	落叶灌木	栽植灌木	株	1. 种类：金银木 2. 规格：冠丛高2~2.5m，冠幅大于1.8m，树形优美，树冠均匀完好 3. 养护期：1年	103.67	121.04	4.85	18.49	19.54	267.59	推荐定额： 1. 栽植灌木，冠幅180cm以内 2. 后期养护灌木
137	绿化工程	落叶灌木	栽植灌木	株	1. 种类：木槿 2. 规格：冠丛高2~2.5m，冠幅大于1.8m，树形优美，树冠均匀完好 3. 养护期：1年	103.67	152.24	4.85	18.49	19.54	298.79	推荐定额： 1. 栽植灌木，冠幅180cm以内 2. 后期养护灌木
138	绿化工程	落叶灌木	栽植灌木	株	1. 种类：紫叶小檗 2. 规格：冠幅1~1.2m，高1.2~1.5m，树形优美，树冠均匀完好 3. 养护期：1年	43.48	197.05	2.51	10.36	8.28	261.68	推荐定额： 1. 栽植灌木，冠幅100cm以内 2. 后期养护灌木
139	绿化工程	落叶灌木	栽植灌木	株	1. 种类：金叶莸 2. 规格：高0.3~0.5m，25株/m²，冠幅大于0.3m，树形优美，树冠均匀完好 3. 养护期：1年	16.21	10.8	1.3	6.66	3.15	38.12	推荐定额： 1. 栽植灌木，冠幅40cm以内 2. 后期养护灌木

序号	工程	类型	项目名称	单位	项目特征						推荐定额
140	绿化工程	落叶灌木	栽植灌木	株	1.种类：美国黄栌 2.规格：高2.5~3m，冠幅大于1.8m，树形优美，树冠均匀完好 3.养护期：1年	103.67	953.04	4.85	18.49	19.54	1099.59	推荐定额： 1.栽植灌木，冠幅180cm以内 2.后期养护灌木
141	绿化工程	落叶灌木	栽植灌木	株	1.种类：八仙花 2.规格：11株/m²，高0.3~0.5m，冠幅大于0.4m，树形优美，树冠均匀完好 3.养护期：1年	16.21	14.96	1.3	6.66	3.15	42.28	推荐定额： 1.栽植灌木，冠幅40cm以内 2.后期养护灌木
142	绿化工程	落叶灌木	栽植灌木	株	1.种类：金叶风箱果 2.规格：冠丛高1~1.2m，冠幅大于0.8m，树形优美，树冠均匀完好 3.养护期：1年	28.95	28.38	2.09	8.42	5.59	73.43	推荐定额： 1.栽植灌木，冠幅80cm以内 2.后期养护灌木
143	绿化工程	落叶灌木	栽植灌木	株	1.种类：红王子锦带 2.规格：冠幅大于1.5m，高1.8m，树形优美，树冠均匀完好 3.养护期：1年	103.67	110.64	4.85	18.49	19.54	257.19	推荐定额： 1.栽植灌木，冠幅180cm以内 2.后期养护灌木
144	绿化工程	落叶灌木	栽植灌木	株	1.种类：邱园蓝莸 2.规格：25株/m²，高0.3~0.5m，冠幅大于0.3m，树形优美，树冠均匀完好 3.养护期：1年	16.21	30.56	1.3	6.66	3.15	57.88	推荐定额： 1.栽植灌木，冠幅40cm以内 2.后期养护灌木

(续)

序号	项目类别	项目名称	清单名称	单位	特征描述	人工费/元	材料费/元	机械费/元	管理费/元	利润/元	综合单价/元	推荐执行定额子目
145	绿化工程	落叶灌木	栽植灌木	株	1. 种类：大叶绣球-延绵夏日 2. 规格：高 0.3~0.5m，11 株/m²，冠幅 0.4m，树形优美，树冠均匀完好 3. 养护期：1年	16.21	87.76	1.3	6.66	3.15	115.08	推荐定额： 1. 栽植灌木，冠幅 40cm 以内 2. 后期养护灌木
146	绿化工程	落叶灌木	栽植灌木	株	1. 种类：光滑绣球-安娜贝尔 2. 规格：高 0.3~0.5m，11 株/m²，冠幅 0.4m，树形优美，树冠均匀完好 3. 养护期：1年	16.21	66.96	1.3	6.66	3.15	94.28	推荐定额： 1. 栽植灌木，冠幅 40cm 以内 2. 后期养护灌木
147	绿化工程	落叶灌木	栽植灌木	株	1. 种类：紫叶碧桃 2. 规格：地径 10~12cm，冠幅大于 1.8m，树形优美，树冠均匀完好 3. 养护期：1年	103.67	433.04	4.85	18.49	19.54	579.59	推荐定额： 1. 栽植灌木，冠幅 180cm 以内 2. 后期养护灌木
148	绿化工程	落叶灌木	栽植灌木	株	1. 种类：树状月季 2. 6年生，特选，树形优美，树冠均匀完好 3. 养护期：1年	28.95	735.58	2.09	8.42	5.59	780.63	推荐定额： 1. 栽植灌木，冠幅 80cm 以内 2. 后期养护灌木

										推荐定额: 1. 栽植灌木，冠幅180cm以内 2. 后期养护灌木
149	绿化工程	落叶灌木	栽植灌木	株	1. 种类：丛生紫薇 2. 规格：冠丛大于2~2.5m，冠幅大于1.8m，树形优美，树冠均匀完好 3. 养护期：1年	103.67	443.44	4.85	18.49	19.54	589.99	推荐定额: 1. 栽植灌木，冠幅180cm以内 2. 后期养护灌木
150	绿化工程	落叶灌木	栽植灌木	株	1. 种类：丛生花石榴 2. 规格：冠丛大于2~2.5m，冠幅大于1.8m，树形优美，树冠均匀完好 3. 养护期：1年	103.67	287.44	4.85	18.49	19.54	433.99	推荐定额: 1. 栽植灌木，冠幅180cm以内 2. 后期养护灌木
151	绿化工程	落叶灌木	栽植灌木	株	1. 种类：天目琼花 2. 规格：冠丛大于1.8~2m，冠幅大于1.5m，树形优美，树冠均匀完好 3. 养护期：1年	76.14	201.31	4.05	14.81	14.44	310.75	推荐定额: 1. 栽植灌木，冠幅150cm以内 2. 后期养护灌木
152	绿化工程	落叶灌木	栽植灌木	株	1. 种类：榆叶梅 2. 规格：冠丛大于1.8~2m，冠幅大于1.5m，树形优美，树冠均匀完好 3. 养护期：1年	76.14	326.11	4.05	8.73	14.44	429.47	推荐定额: 1. 栽植灌木，冠幅150cm以内 2. 后期养护灌木
153	绿化工程	落叶灌木	栽植灌木	株	1. 种类：金叶女贞球 2. 规格：冠丛大于1.8~2m，冠幅大于1.5m，树形优美，树冠均匀完好 3. 养护期：1年	76.14	638.11	4.05	14.81	14.44	747.55	推荐定额: 1. 栽植灌木，冠幅150cm以内 2. 后期养护灌木

序号	项目类别	项目名称	清单名称	单位	特征描述	人工费/元	材料费/元	机械费/元	管理费/元	利润/元	综合单价/元	推荐执行定额子目
154	绿化工程	落叶灌木	栽植灌木	株	1. 种类：海桐球 2. 规格：冠幅大于1.5m，冠丛高1.8~2m，冠幅大，树冠均匀完好，形优美 3. 养护期：1年	76.14	326.11	4.05	14.81	14.44	435.55	推荐定额： 1. 栽植灌木，冠幅150cm以内 2. 后期养护灌木
155	绿化工程	落叶灌木	栽植灌木	株	1. 种类：大叶黄杨球 2. 规格：冠幅大于1.5m，冠丛高1.8~2m，冠幅大，树冠均匀完好，形优美 3. 养护期：1年	76.14	1054.11	4.05	14.81	14.44	1163.55	推荐定额： 1. 栽植灌木，冠幅150cm以内 2. 后期养护灌木
156	绿化工程	落叶灌木	栽植灌木	株	1. 种类：小叶黄杨球 2. 规格：冠幅大于1.5m，冠丛高1.8~2m，冠幅大，树冠均匀完好，形优美 3. 养护期：1年	76.14	950.11	4.05	14.81	14.44	1059.55	推荐定额： 1. 栽植灌木，冠幅150cm以内 2. 后期养护灌木
157	绿化工程	落叶灌木	栽植灌木	株	1. 种类：水蜡球 2. 规格：冠幅大于1.5m，冠丛高1.8~2m，冠幅大，树冠均匀完好，形优美 3. 养护期：1年	76.14	534.11	4.05	14.81	14.44	643.55	推荐定额： 1. 栽植灌木，冠幅150cm以内 2. 后期养护灌木
158	绿化工程	落叶灌木	栽植灌木	株	1. 种类：卫矛球 2. 规格：冠幅大于1.5m，冠丛高1.8~2m，冠幅大，树冠均匀完好，形优美 3. 养护期：1年	76.14	794.11	4.05	14.81	14.44	903.55	推荐定额： 1. 栽植灌木，冠幅150cm以内 2. 后期养护灌木

（续）

序号	工程类别	子目	项目	单位	特征描述							推荐定额
159	绿化工程	常绿针叶灌木	栽植灌木	株	1. 种类：云杉球 2. 规格：冠丛高1.5m，冠幅大于2m，树形优美，树冠均匀完好 3. 养护期：1年	76.14	638.11	4.05	14.81	14.44	747.55	推荐定额：1. 栽植灌木，冠幅150cm以内 2. 后期养护灌木
160	绿化工程	常绿针叶灌木	栽植灌木	株	1. 种类：金球侧柏 2. 规格：高1.2~1.5m，冠幅大于1.2m，树形优美，树冠均匀完好 3. 养护期：1年	56.89	167.66	2.88	12.15	10.76	250.34	推荐定额：1. 栽植灌木，冠幅120cm以内 2. 后期养护灌木
161	绿化工程	常绿针叶灌木	栽植灌木	株	1. 种类：铺地圆柏 2. 规格：高0.3~0.5m，11株/m²，树形优美，树冠均匀完好 3. 养护期：1年	16.21	77.36	1.3	6.66	3.15	104.68	推荐定额：1. 栽植灌木，冠幅40cm以内 2. 后期养护灌木
162	绿化工程	常绿针叶灌木	栽植灌木	株	1. 种类：桧柏球 2. 规格：高1~1.2m，冠幅大于1m，树形优美，树冠均匀完好 3. 养护期：1年	12.12	137	0.92	6.08	2.35	158.47	推荐定额：1. 栽植灌木，冠幅100cm以内 2. 后期养护灌木
163	绿化工程	常绿针叶灌木	栽植灌木	株	1. 种类：侧柏篱 2. 规格：高1.8~2.0m，4株/m²，冠幅大于0.6m，树形优美，树冠均匀完好 3. 养护期：1年	19.51	21.01	1.71	7.14	3.82	53.19	推荐定额：1. 栽植灌木，冠幅60cm以内 2. 后期养护灌木

(续)

序号	项目类别	项目名称	清单名称	单位	特征描述	人工费/元	材料费/元	机械费/元	管理费/元	利润/元	综合单价/元	推荐执行定额子目
164	绿化工程	常绿阔叶灌木	栽植灌木	株	1. 种类：北海道黄杨篱 2. 规格：高1.8~2m，11株/m²，冠幅0.4m，树形优美，树冠均匀完好 3. 养护期：1年	76.14	118.11	4.05	14.81	14.44	227.55	推荐定额： 1. 栽植灌木，冠幅40cm以内 2. 后期养护灌木
165	绿化工程	常绿阔叶灌木	栽植灌木	株	1. 种类：冬青卫矛篱A 2. 规格：高1~1.2m，16株/m²，冠幅0.3m，树形优美，树冠均匀完好 3. 养护期：1年	43.48	11.74	2.51	10.36	8.28	76.37	推荐定额： 1. 栽植灌木，冠幅40cm以内 2. 后期养护灌木
166	绿化工程	常绿阔叶灌木	栽植灌木	株	1. 种类：冬青卫矛篱B 2. 规格：高0.8~1m，25株/m²，冠幅0.3m，树形优美，树冠均匀完好 3. 养护期：1年	28.95	9.85	2.09	8.42	5.59	54.9	推荐定额： 1. 栽植灌木，冠幅40cm以内 2. 后期养护灌木
167	绿化工程	常绿阔叶灌木	栽植灌木	株	1. 种类：黄杨 2. 规格：高0.5~0.8m，25株/m²，冠幅0.3m，树形优美，树冠均匀完好 3. 养护期：1年	19.51	11.65	1.71	7.14	3.82	43.83	推荐定额： 1. 栽植灌木，冠幅40cm以内 2. 后期养护灌木

序号											推荐定额
168	绿化工程	常绿阔叶灌木	栽植灌木	株	1. 种类：朝鲜黄杨 2. 规格：高 0.5~0.8m，25 株/m²，冠幅大于 0.3m，树形优美，树冠均匀完好 3. 养护期：1 年	19.51	10.61	1.71	7.14	3.82	42.79	推荐定额： 1. 栽植灌木，冠幅 40cm 以内 2. 后期养护灌木
169	绿化工程	攀缘类	栽植攀缘植物	株	1. 植物种类：五叶地锦 2. 5 年生，苗木品质满足设计要求，包含起挖、运输、种植、支撑、防寒、养护等 3. 养护期：1 年	3	47.99	0.48	0.91	0.62	53	推荐定额： 1. 栽植藤木植物，主蔓长 1m 以内 2. 后期养护攀缘植物
170	绿化工程	攀缘类	栽植攀缘植物	株	1. 植物种类：月季-瓦尔特大叔 2. 5 年生，苗木品质满足设计要求，包含起挖、运输、种植、支撑、防寒、养护等 3. 养护期：1 年	3	37.49	0.48	0.91	0.62	42.5	推荐定额： 1. 栽植藤木植物，主蔓长 1m 以内 2. 后期养护攀缘植物
171	绿化工程	攀缘类	栽植攀缘植物	株	1. 植物种类：紫藤 2. 地径 5cm，苗木品质满足设计要求，包含起挖、运输、种植、支撑、防寒、养护等 3. 养护期：1 年	3	179.24	0.48	0.91	0.62	184.25	推荐定额： 1. 栽植藤木植物，主蔓长 1m 以内 2. 后期养护攀缘植物

(续)

序号	项目类别	项目名称	清单名称	单位	特征描述	人工费/元	材料费/元	机械费/元	管理费/元	利润/元	综合单价/元	推荐执行定额子目
172	绿化工程	攀缘类	栽植攀缘植物	株	1. 植物种类：藤本月季 2. 4年生，苗木品质满足设计要求，包含起挖、运输、种植、支撑、防寒、养护等 3. 养护期：1年	3	152.99	0.48	0.91	0.62	158	推荐定额： 1. 栽植藤本植物，主蔓长1m以内 2. 后期养护攀缘植物
173	绿化工程	花卉及水生类	栽植花卉	m²	1. 花卉种类：兰花鼠尾草 2. 规格：株高0.3~0.4m，冠幅0.3~0.35m，5芽/丛以上 3. 单位面积株数：25株 4. 养护期：1年	10.21	32.47	0.94	3.35	2.01	48.98	推荐定额： 1. 露地花卉成片栽植草本花卉，育苗袋φ30cm以内 2. 后期养护花卉
174	绿化工程	花卉及水生类	栽植花卉	m²	1. 植物种类：千屈菜 2. 规格：株高0.4~0.5m，冠幅0.3~0.4m，5芽/丛以上，长势正常，无病虫害，分栽 3. 单位面积株数：25株 4. 养护期：1年	10.21	45.47	0.94	3.35	2.01	61.98	推荐定额： 1. 露地花卉成片栽植草本花卉，育苗袋φ30cm以内 2. 后期养护花卉

编号		项目	单位	特征描述						备注
175	绿化工程	花卉及水生类	栽植花卉	m²	1. 花卉种类：玉簪 2. 规格：株高0.2~0.3m，5芽/丛以上，长势正常，无病虫害，分栽 3. 单位面积株数：25株 4. 养护期：1年	10.21	48.07	0.94	3.35	2.01	64.58	推荐定额： 1. 露地花卉成片栽植草本花卉，育苗袋φ30cm以内 2. 后期养护花卉
176	绿化工程	花卉及水生类	栽植花卉	m²	1. 花卉种类：紫萼玉簪 2. 规格：株高0.2~0.3m，5芽/丛以上，长势正常，无病虫害，分栽 3. 单位面积株数：25株 4. 养护期：1年	10.21	53.27	0.94	3.35	2.01	69.78	推荐定额： 1. 露地花卉成片栽植草本花卉，育苗袋φ30mm以内 2. 后期养护花卉
177	绿化工程	花卉及水生类	栽植花卉	m²	1. 花卉种类：马蔺 2. 规格：株高0.3~0.4m，5芽/丛以上，长势正常，无病虫害，分栽 3. 单位面积株数：25株 4. 养护期：1年	10.21	58.47	0.94	3.35	2.01	74.98	推荐定额： 1. 露地花卉成片栽植草本花卉，育苗袋φ30cm以内 2. 后期养护花卉

（续）

序号	项目类别	项目名称	清单名称	单位	特征描述	人工费/元	材料费/元	机械费/元	管理费/元	利润/元	综合单价/元	推荐执行定额子目
178	绿化工程	花卉及水生类	栽植花卉	m²	1. 花卉种类：鸢尾 2. 规格：株高 0.3~0.4m，5 芽/丛以上，长势正常，无病虫害，分栽 3. 单位面积株数：25 株 4. 养护期：1 年	10.21	123.47	0.94	3.35	2.01	139.98	推荐定额： 1. 露地花卉成片栽植草本花卉，育苗袋 φ30cm 以内 2. 后期养护花卉
179	绿化工程	花卉及水生类	栽植花卉	m²	1. 花卉种类：鸢尾-洋娃娃 2. 规格：株高 0.3~0.4m，5 芽/丛以上，长势正常，无病虫害，分栽 3. 单位面积株数：25 株 4. 养护期：1 年	10.21	84.47	0.94	3.35	2.01	100.98	推荐定额： 1. 露地花卉成片栽植草本花卉，育苗袋 φ30cm 以内 2. 后期养护花卉
180	绿化工程	花卉及水生类	栽植花卉	m²	1. 花卉种类：红八宝景天 2. 规格：株高 0.3~0.4m，5 芽/丛以上，长势正常，无病虫害，分栽 3. 单位面积株数：40 株 4. 养护期：1 年	10	62.71	0.94	3.32	1.97	78.94	推荐定额： 1. 露地花卉成片栽植草本花卉，育苗袋 φ30cm 以内 2. 后期养护花卉

序号	专业	项目名称	子目名称	单位	项目特征	人工费	材料费	机械费	管理费	利润	合价	备注
181	绿化工程	花卉及水生类	栽植花卉	m²	1.花卉种类：萱草 2.规格：株高0.15~0.25m，5芽/丛以上，长势正常，无病虫害，分栽 3.单位面积株数：25株 4.养护期：1年	10.21	32.47	0.94	3.35	2.01	48.98	推荐定额： 1.露地花卉成片栽植草本花卉，育苗袋φ30cm以内 2.后期养护花卉
182	绿化工程	花卉及水生类	栽植花卉	m²	1.花卉种类：大花萱草 2.规格：株高0.15~0.25m，5芽/丛以上，长势正常，无病虫害，分栽 3.单位面积株数：25株 4.养护期：1年	10.21	40.27	0.94	3.35	2.01	56.78	推荐定额： 1.露地花卉成片栽植草本花卉，育苗袋φ30cm以内 2.后期养护花卉
183	绿化工程	花卉及水生类	栽植花卉	m²	1.花卉种类：狼尾草 2.规格：株高0.6~0.8m，长势正常，无病虫害，分栽 3.单位面积株数：16株 4.养护期：1年	10.42	26.31	0.94	3.38	2.05	43.1	推荐定额： 1.露地花卉成片栽植草本花卉，育苗袋φ20cm以内 2.后期养护花卉
184	绿化工程	花卉及水生类	栽植花卉	m²	1.花卉种类：金教授荷兰菊 2.规格：株高0.15~0.25m，5芽/丛以上，长势正常，无病虫害，分栽 3.单位面积株数：36株 4.养护期：1年	10	73.93	0.94	3.32	1.97	90.16	推荐定额： 1.露地花卉成片栽植草本花卉，育苗袋φ40cm以内 2.后期养护花卉

(续)

序号	项目类别	项目名称	清单名称	单位	特征描述	人工费/元	材料费/元	机械费/元	管理费/元	利润/元	综合单价/元	推荐执行定额子目
185	绿化工程	花卉及水生类	栽植花卉	m²	1. 花卉种类：楼斗菜 2. 规格：株高 0.15~0.25m，5 芽/丛以上，长势正常，无病虫害，分栽 3. 单位面积株数：36 株 4. 养护期：1 年	10	81.41	0.94	3.32	1.97	97.64	推荐定额： 1. 露地花卉成片栽植草本花卉，育苗袋 ϕ40cm 以内 2. 后期养护花卉
186	绿化工程	花卉及水生类	栽植花卉	m²	1. 花卉种类：美国薄荷-柯罗粉 2. 规格：株高 0.3~0.4m，5 芽/丛以上，长势正常，无病虫害，分栽 3. 单位面积株数：36 株 4. 养护期：1 年	10	81.41	0.94	3.32	1.97	97.64	推荐定额： 1. 露地花卉成片栽植草本花卉，育苗袋 ϕ40cm 以内 2. 后期养护花卉
187	绿化工程	花卉及水生类	栽植花卉	m²	1. 花卉种类：蓝花长叶婆婆纳 2. 规格：株高 0.5~0.8m，5 芽/丛以上，长势正常，无病虫害，分栽 3. 单位面积株数：25 株 4. 养护期：1 年	10.21	32.47	0.94	3.35	2.01	48.98	推荐定额： 1. 露地花卉成片栽植草本花卉，育苗袋 ϕ30cm 以内 2. 后期养护花卉

										推荐定额:
188	绿化工程	花卉及水生类	栽植花卉	1. 花卉种类：亮边蓝婆婆纳 2. 规格：株高0.3～0.4m，5芽/丛以上，长势正常，无病虫害，分枝 3. 单位面积株数：25株 4. 养护期：1年	m²	10.21	29.87	0.94	3.35	2.01	46.38	1. 露地花卉成片栽植草本花卉，育苗袋ϕ30cm以内 2. 后期养护花卉
189	绿化工程	花卉及水生类	栽植花卉	1. 花卉种类：常夏石竹 2. 规格：株高0.15～0.25m，5芽/丛以上，长势正常，无病虫害，分枝 3. 单位面积株数：44株 4. 养护期：1年	m²	10	61.52	0.94	3.32	1.97	77.75	推荐定额: 1. 露地花卉成片栽植草本花卉，育苗袋ϕ40cm以内 2. 后期养护花卉
190	绿化工程	花卉及水生类	栽植花卉	1. 花卉种类：金叶芒 2. 规格：长势正常，无病虫害 3. 单位面积株数：16株 4. 养护期：1年	m²	10.42	89.54	0.94	3.38	2.05	106.33	推荐定额: 1. 露地花卉成片栽植草本花卉，育苗袋ϕ20cm以内 2. 后期养护花卉

(续)

序号	项目类别	项目名称	清单名称	单位	特征描述	人工费/元	材料费/元	机械费/元	管理费/元	利润/元	综合单价/元	推荐执行定额子目
191	绿化工程	花卉及水生类	栽植花卉	m²	1. 花卉种类：细叶芒 2. 规格：5芽/丛以上，长势正常，无病虫害，分栽 3. 单位面积株数：16株 4. 养护期：1年	10.42	156.1	0.94	3.38	2.05	172.89	推荐定额： 1. 露地花卉成片栽植 草本花卉，育苗袋 φ20cm以内 2. 后期养护花卉
192	绿化工程	花卉及水生类	栽植花卉	m²	1. 花卉种类：芒草 2. 规格：5芽/丛以上，长势正常，无病虫害，分栽 3. 单位面积株数：16株 4. 养护期：1年	10.42	139.46	0.94	3.38	2.05	156.25	推荐定额： 1. 露地花卉成片栽植 草本花卉，育苗袋 φ20cm以内 2. 后期养护花卉
193	绿化工程	花卉及水生类	栽植花卉	m²	1. 植物种类：花叶芦竹 2. 规格：株高0.6~0.8m，5芽/丛以上 3. 单位面积株数：25株 4. 养护期：1年	10.21	27.27	0.94	3.35	2.01	43.78	推荐定额： 1. 露地花卉成片栽植 草本花卉，育苗袋 φ30cm以内 2. 后期养护花卉

序号	专业	分类	项目名称	单位	项目特征						推荐定额
194	绿化工程	花卉及水生类	栽植花卉	m²	1.花卉种类：蓝羊茅 2.规格：5芽/丛以上，长势正常，无病虫害，分栽 3.单位面积株数：16株 4.苗木品质满足设计要求，包含起挖、运输、种植、支撑、防寒、养护等 5.养护期：1年	10.42	39.62	0.94	3.38	2.05	56.41	1.露地花卉成片栽植草本花卉，育苗袋φ20cm以内 2.后期养护花卉
195	绿化工程	花卉及水生类	栽植花卉	m²	1.花卉种类：粉黛乱子草 2.规格：5芽/丛以上，长势正常，无病虫害，分栽 3.单位面积株数：16株 4.养护期：1年	10.42	172.74	0.94	3.38	2.05	189.53	1.露地花卉成片栽植草本花卉，育苗袋φ20cm以内 2.后期养护花卉
196	绿化工程	花卉及水生类	栽植花卉	m²	1.花卉种类：大花美人蕉 2.规格：株高0.5～0.8m，5芽/丛以上，长势正常，无病虫害，分栽 3.单位面积株数：4株 4.养护期：1年	10.85	16.62	0.94	3.43	2.12	33.96	1.露地花卉成片栽植草本花卉，育苗袋φ10cm以内 2.后期养护花卉

（续）

序号	项目类别	项目名称	清单名称	单位	特征描述	人工费/元	材料费/元	机械费/元	管理费/元	利润/元	综合单价/元	推荐执行定额子目
197	绿化工程	花卉及水生类	栽植花卉	m²	1. 花卉种类：八宝景天 2. 规格：株高0.15~0.25m，5芽/丛以上，长势正常，无病虫害 3. 单位面积株数：25株 4. 养护期：1年	10.21	84.47	0.94	3.35	2.01	100.98	推荐定额： 1. 露地花卉成片栽植草本花卉，育苗袋φ30cm以内 2. 后期养护花卉
198	绿化工程	花卉及水生类	栽植花卉	m²	1. 花卉种类：荷兰菊 2. 规格：株高0.15~0.25m，5芽/丛以上，长势正常，无病虫害 3. 单位面积株数：25株 4. 养护期：1年	10.21	292.47	0.94	3.35	2.01	308.98	推荐定额： 1. 露地花卉成片栽植草本花卉，育苗袋φ30cm以内 2. 后期养护花卉
199	绿化工程	花卉及水生类	栽植花卉	m²	1. 花卉种类：风铃草 2. 规格：株高0.15~0.25m，5芽/丛以上，长势正常，无病虫害 3. 单位面积株数：25株 4. 养护期：1年	10.21	32.47	0.94	3.35	2.01	48.98	推荐定额： 1. 露地花卉成片栽植草本花卉，育苗袋φ30cm以内 2. 后期养护花卉

										推荐定额:
200	绿化工程	花卉及水生类	栽植花卉	1. 花卉种类：金叶苔草 2. 规格：株高0.15~0.25m，5芽丛以上，长势正常，无病虫害，分栽 3. 单位面积株数：25株 4. 养护期：1年	m²	10.21	37.67	0.94	3.35	2.01	54.18	1. 露地花卉成片栽植草本花卉、育苗袋φ30cm以内 2. 后期养护花卉
201	绿化工程	花卉及水生类	栽植花卉	1. 花卉种类：银叶菊 2. 规格：株高0.15~0.25m，5芽丛以上，长势正常，无病虫害，分栽 3. 单位面积株数：25株 4. 养护期：1年	m²	10.21	84.47	0.94	3.35	2.01	100.98	1. 露地花卉成片栽植草本花卉、育苗袋φ30cm以内 2. 后期养护花卉
202	绿化工程	花卉及水生类	栽植花卉	1. 花卉种类：夏堇 2. 规格：株高0.15~0.25m，5芽丛以上，长势正常，无病虫害，分栽 3. 单位面积株数：25株 4. 养护期：1年	m²	10.21	32.47	0.94	3.35	2.01	48.98	1. 露地花卉成片栽植草本花卉、育苗袋φ30cm以内 2. 后期养护花卉

(续)

序号	项目类别	项目名称	清单名称	单位	特征描述	人工费/元	材料费/元	机械费/元	管理费/元	利润/元	综合单价/元	推荐执行定额子目
203	绿化工程	花卉及水生类	栽植花卉	m²	1. 花卉种类：凤仙 2. 规格：株高 0.15~0.25m，5 芽丛以上，长势正常，无病虫害，分栽 3. 单位面积株数：25 株 4. 养护期：1 年	10.21	136.47	0.94	3.35	2.01	152.98	推荐定额： 1. 露地花卉成片栽植草本花卉，育苗袋 φ30cm 以内 2. 后期养护花卉
204	绿化工程	花卉及水生类	栽植花卉	m²	1. 花卉种类：四季海棠 2. 规格：株高 0.15~0.25m，5 芽丛以上，长势正常，无病虫害，分栽 3. 单位面积株数：25 株 4. 养护期：1 年	10.21	58.47	0.94	3.35	2.01	74.98	推荐定额： 1. 露地花卉成片栽植草本花卉，育苗袋 φ30cm 以内 2. 后期养护花卉
205	绿化工程	花卉及水生类	栽植花卉	m²	1. 花卉种类：皇帝菊 2. 规格：株高 0.15~0.25m，5 芽丛以上，长势正常，无病虫害，分栽 3. 单位面积株数：25 株 4. 养护期：1 年	10.21	58.47	0.94	3.35	2.01	74.98	推荐定额： 1. 露地花卉成片栽植草本花卉，育苗袋 φ30cm 以内 2. 后期养护花卉

序号			项目	单位	特征描述						推荐定额
206	绿化工程	花卉及水生类	栽植花卉	m²	1. 花卉种类：太阳花 2. 规格：株高 0.15~0.25m，5 芽/丛以上，长势正常，无病虫害，分枝 3. 单位面积株数：25 株 4. 养护期：1 年	10.21	32.47	0.94	3.35	2.01	48.98	推荐定额： 1. 露地花卉成片栽植草本花卉，育苗袋 φ30cm 以内 2. 后期养护花卉
207	绿化工程	花卉及水生类	栽植花卉	m²	1. 花卉种类：满天星 2. 规格：株高 0.15~0.25m，5 芽/丛以上，长势正常，无病虫害，分枝 3. 单位面积株数：25 株 4. 养护期：1 年	10.21	32.47	0.94	3.35	2.01	48.98	推荐定额： 1. 露地花卉成片栽植草本花卉，育苗袋 φ30cm 以内 2. 后期养护花卉
208	绿化工程	花卉及水生类	栽植花卉	m²	1. 花卉种类：雏菊 2. 规格：株高 0.15~0.25m，5 芽/丛以上，长势正常，无病虫害，分枝 3. 单位面积株数：25 株 4. 养护期：1 年	10.21	53.27	0.94	3.35	2.01	69.78	推荐定额： 1. 露地花卉成片栽植草本花卉，育苗袋 φ30cm 以内 2. 后期养护花卉

(续)

序号	项目类别	项目名称	清单名称	单位	特征描述	人工费/元	材料费/元	机械费/元	管理费/元	利润/元	综合单价/元	推荐执行定额子目
209	绿化工程	花卉及水生类	栽植花卉	m²	1. 花卉种类：孔雀草 2. 规格：株高 0.15～0.25m，5 芽/丛以上，长势正常，无病虫害，分栽 3. 单位面积株数：25 株 4. 养护期：1 年	10.21	29.87	0.94	3.35	2.01	46.38	推荐定额： 1. 露地花卉成片栽植草本花卉，育苗袋 φ30cm 以内 2. 后期养护花卉
210	绿化工程	花卉及水生类	栽植花卉	m²	1. 花卉种类：油菜花 2. 规格：株高 0.15～0.25m，5 芽/丛以上，长势正常，无病虫害，分栽 3. 单位面积株数：25 株 4. 养护期：1 年	10.21	53.27	0.94	3.35	2.01	69.78	推荐定额： 1. 露地花卉成片栽植草本花卉，育苗袋 φ30cm 以内 2. 后期养护花卉
211	绿化工程	花卉及水生类	铺种草卷	m²	1. 草坪种类：冷季型草坪(铺草卷) 2. 铺铺方式：铺草卷 3. 苗木品质满足设计要求，包含起挖、运输、种植、防寒、养护等 4. 养护期：1 年	9.44	21.72	1.8	3.96	2.03	38.95	推荐定额： 1. 原土铺草卷 2. 后期养护冷草

212	绿化工程	花卉及水生类	铺种草卷	1. 草坪种类：野牛草、蒲公英、紫花地丁 2. 铺种方式：混播草籽 5:3:2，5~6g/m² 3. 苗木品质满足设计要求，包含起挖、运输、种植、防寒、养护等 4. 养护期：1年	m²	6.42	11.54	1.5	2.58	1.42	23.46	推荐定额： 1. 人工播草籽 2. 后期养护暖草
213	绿化工程	花卉及水生类	铺种草卷	1. 草坪种类：甘野菊、紫花苜蓿、二月兰 2. 铺种方式：混播草籽 4:3:3，5~6g/m² 3. 苗木品质满足设计要求，包含起挖、运输、种植、防寒、养护等 4. 养护期：1年	m²	6.42	11.54	1.5	2.58	1.42	23.46	推荐定额： 1. 人工播草籽 2. 后期养护暖草

四、给水排水工程

214	给水排水工程	灌溉工程	喷灌管线安装	1. 管道品种、规格：PE管 De90 2. 连接方式：热熔连接 3. 压力试验要求：水压试验 4. 冲洗要求：消毒冲洗 5. 满足图纸、规范及设计要求	m	11.7	61.37	0.34	7.65	2.17	83.23	推荐定额： 1. 管道安装 PE 管地埋管径 90mm 以内 2. 管道消毒冲洗公称直径 100mm 以内

（续）

序号	项目类别	项目名称	清单名称	单位	特征描述	人工费/元	材料费/元	机械费/元	管理费/元	利润/元	综合单价/元	推荐执行定额子目
215	给水排水工程	灌溉工程	喷灌管线安装	m	1. 管道品种、规格：PE管De63 2. 连接方式：热熔连接 3. 压力试验要求：水压试验 4. 冲洗要求：消毒冲洗 5. 满足图纸、规范及设计要求	11.7	35.67	0.34	7.65	2.17	57.53	推荐定额： 1. 管道安装 PE 管地埋管径 63mm 以内 2. 管道消毒冲洗公称直径 100mm 以内
216	给水排水工程	灌溉工程	喷灌管线安装	m	1. 管道品种、规格：PE管De50 2. 连接方式：热熔连接 3. 压力试验要求：水压试验 4. 冲洗要求：消毒冲洗 5. 满足图纸、规范及设计要求	9.35	22.61	0.27	6.12	1.74	40.09	推荐定额： 1. 管道安装 PE 管地埋管径 50mm 以内 2. 管道消毒冲洗公称直径 50mm 以内
217	给水排水工程	灌溉工程	喷灌管线安装	m	1. 管道品种、规格：PE管De40 2. 连接方式：热熔连接 3. 压力试验要求：水压试验 4. 冲洗要求：消毒冲洗 5. 满足图纸、规范及设计要求	7.55	16.83	0.22	4.94	1.4	30.94	推荐定额： 1. 管道安装 PE 管地埋管径 40mm 以内 2. 管道消毒冲洗公称直径 50mm 以内

序号	专业	工程部位	项目名称	单位	项目特征					推荐定额
218	给水排水工程	灌溉工程	喷灌管线安装	m	1. 管道品种、规格：PE管De25 2. 连接方式：热格连接 3. 压力试验要求：水压试验 4. 冲洗要求：消毒冲洗 5. 满足图纸、规范及设计要求	6.23	5.79	0.19	4.08	1.16	17.45	推荐定额： 1. 管道安装 PE 管地埋管径25mm 以内 2. 管道消毒冲洗公称直径50mm 以内
219	给水排水工程	灌溉工程	闸阀	个	1. 名称：快速取水阀 2. 规格：De25 3. 满足图纸、规范及设计要求	20.28	113.01	0.5	13.26	3.74	150.79	推荐定额： 快速取水阀塑料管径25mm
220	给水排水工程	灌溉工程	闸阀	个	1. 类型：闸阀 2. 材质：铜 3. 规格：DN50 4. 连接形式：螺纹连接	10.8	472.56	0.33	7.06	2	492.75	推荐定额： 低压丝扣阀门公称直径50mm 以内
221	给水排水工程	灌溉工程	闸阀	个	1. 类型：闸阀 2. 材质：铜 3. 规格：DN32 4. 连接形式：螺纹连接	6.6	284.68	0.21	4.31	1.23	297.03	推荐定额： 低压丝扣阀门公称直径32mm 以内
222	给水排水工程	灌溉工程	闸阀	个	1. 类型：闸阀 2. 材质：铜 3. 规格：DN25 4. 连接形式：螺纹连接	6	61.28	0.18	3.92	1.11	72.49	推荐定额： 低压丝扣阀门公称直径25mm 以内

（续）

序号	项目类别	项目名称	清单名称	单位	特征描述	人工费/元	材料费/元	机械费/元	管理费/元	利润/元	综合单价/元	推荐执行定额子目
223	给水排水工程	灌溉工程	闸阀	个	1. 类型：闸阀 2. 材质：铜 3. 规格：DN20 4. 连接形式：螺纹连接	4.8	49.91	0.14	3.14	0.89	58.88	推荐定额： 低压丝扣阀门公称直径20mm以内
224	给水排水工程	灌溉工程	倒流防止器	套	1. 类型：倒流防止器 2. 材质：铜 3. 规格：DN50 4. 连接形式：螺纹连接	189.96	638.27	7.49	124.18	35.54	995.44	推荐定额： 倒流防止器组成与安装（螺纹连接）公称直径50mm以内
225	给水排水工程	灌溉工程	倒流防止器	套	1. 类型：倒流防止器 2. 材质：铜 3. 规格：DN32 4. 连接形式：螺纹连接	124.56	269.4	4.93	81.42	23.31	503.62	推荐定额： 倒流防止器组成与安装（螺纹连接）公称直径32mm以内
226	给水排水工程	灌溉工程	倒流防止器	套	1. 类型：倒流防止器 2. 材质：铜 3. 规格：DN20 4. 连接形式：螺纹连接	93.84	195.4	3.46	61.34	17.51	371.55	推荐定额： 倒流防止器组成与安装（螺纹连接）公称直径20mm以内

序号	分部	子分部	项目名称	单位	项目特征							推荐定额
227	给水排水工程	灌溉工程	镀锌钢管	m	1. 安装部位：过路套管 2. 规格：DN80	19.2	47.78	0.66	12.55	3.57	83.76	推荐定额： 室外镀锌钢管（螺纹连接）公称直径80mm以内
228	给水排水工程	灌溉工程	砌筑井	座	1. 名称：给水阀门井 2. 井盖：重型铸铁井盖 3. 满足图纸、规范及设计要求	1433.64	5809.14	44.44	937.17	266.05	8490.44	推荐定额： 矩形立式闸阀井井室深1.5m以内公称直径150mm以内
229	给水排水工程	灌溉工程	砌筑井	座	1. 名称：给水阀门井 2. 井盖：轻型塑料井盖 3. 满足图纸、规范及设计要求	1433.64	5120.04	44.44	937.17	266.05	7801.34	推荐定额： 矩形立式闸阀井井室深1.5m以内公称直径150mm以内
230	给水排水工程	给水工程	塑料管	m	1. 管道品种、规格：PE管De110 2. 连接方式：热熔连接 3. 压力试验要求：水压试验 4. 冲洗要求：消毒冲洗 5. 满足图纸、规范及设计要求	20.22	72.72	3.41	13.22	4.25	113.82	推荐定额： 1. 室外给水塑料管（热熔连接）公称直径100mm以内 2. 管道消毒冲洗公称直径100mm以内

(续)

序号	项目类别	项目名称	清单名称	单位	特征描述	人工费/元	材料费/元	机械费/元	管理费/元	利润/元	综合单价/元	推荐执行定额子目
231	给水排水工程	给水工程	塑料管	m	1. 管道品种、规格：PE管 De90 2. 连接方式：热熔连接 3. 压力试验要求：水压试验 4. 冲洗要求：消毒冲洗 5. 满足图纸、规范及设计要求	36.38	60.09	2.94	10.71	3.48	113.6	推荐定额： 1. 室外给水塑料管（热熔连接）公称直径80mm以内 2. 管道消毒冲洗公称直径100mm以内
232	给水排水工程	给水工程	塑料管	m	1. 管道品种、规格：PE管 De63 2. 连接方式：热熔连接 3. 压力试验要求：水压试验 4. 冲洗要求：消毒冲洗 5. 满足图纸、规范及设计要求	27.23	57.23	2.38	17.8	5.33	109.97	推荐定额： 1. 室外给水塑料管（热熔连接）公称直径50mm以内 2. 管道消毒冲洗公称直径50mm以内
233	给水排水工程	给水工程	塑料管	m	1. 管道品种、规格：PE管 De32 2. 连接方式：热熔连接 3. 压力试验要求：水压试验 4. 冲洗要求：消毒冲洗 5. 满足图纸、规范及设计要求	18.35	19.02	2.4	12	3.74	55.51	推荐定额： 1. 室外给水塑料管（热熔连接）公称直径25mm以内 2. 管道消毒冲洗公称直径50mm以内

序号			名称	单位	特征描述					推荐定额
234	给水排水工程	给水工程	给水口	个	1. 材质：给水口（SP1424）成品塑料制品 2. 规格：DN50 3. 安装方式：热熔连接	18.24	23.06	0.46	11.92	3.37	57.05	推荐定额：地漏安装公称直径50mm以内
235	给水排水工程	给水工程	溢流口	个	1. 材质：溢流口（SP1019）成品塑料制品 2. 规格：DN65 3. 安装方式：热熔连接	35.64	51.2	0.88	23.3	6.57	117.59	推荐定额：地漏安装公称直径75mm以内
236	给水排水工程	给水工程	闸阀	个	1. 类型：闸阀 2. 材质：铸铁 3. 规格：DN100 4. 连接形式：法兰连接	46.8	957.05	4.3	30.59	9.2	1047.94	推荐定额：焊接法兰阀门公称直径100mm以内
237	给水排水工程	给水工程	闸阀	个	1. 类型：闸阀 2. 材质：铜 3. 规格：DN50 4. 连接形式：法兰连接	10.32	463.85	0.26	6.75	1.9	483.08	推荐定额：螺纹阀阀门公称直径50mm以内
238	给水排水工程	给水工程	止回阀	个	1. 类型：止回阀 2. 材质：铸铁 3. 规格：DN100 4. 连接形式：法兰连接	46.8	439.85	4.3	30.59	9.2	530.74	推荐定额：焊接法兰阀门公称直径100mm以内

(续)

序号	项目类别	项目名称	清单名称	单位	特征描述	人工费/元	材料费/元	机械费/元	管理费/元	利润/元	综合单价/元	推荐执行定额子目
239	给水排水工程	给水工程	软接头（软管）	个	1. 材质：橡胶软 2. 规格：DN100 3. 连接形式：法兰连接	60.72	181.55	3.45	39.69	11.55	296.96	推荐定额： 软接头（法兰连接）公称直径100mm以内
240	给水排水工程	给水工程	底阀	个	1. 类型：底阀 2. 材质：铸钢 3. 规格：DN100 4. 连接形式：法兰连接	46.8	398.25	4.3	30.59	9.2	489.14	推荐定额： 焊接法兰阀门公称直径100mm以内
241	给水排水工程	给水工程	喷头	个	1. 类型：玉柱喷头 2. 材质：铜 3. 规格：DN25 4. 连接形式：螺纹连接	10.8	96.36	0.27	7.06	1.99	116.48	推荐定额： 螺纹连接管管直径DN25
242	给水排水工程	给水工程	球阀	个	1. 类型：球阀 2. 材质：铜 3. 规格：DN25 4. 连接形式：螺纹连接	4.8	17.67	0.12	3.14	0.89	26.62	推荐定额： 螺纹阀门公称直径25mm以内
243	给水排水工程	给水工程	离心式泵	台	1. 名称：单级离心式泵 2. 型号：ISW65-100 口径DN100 3. 规格：$Q=50m^3/h$，$H=20m$，$PN=3$	639.36	5913.21	43.04	417.95	122.83	7136.39	推荐定额： 单级离心式泵设备重量0.5t以内

序号	专业	分项	名称	单位	工作内容						推荐定额
244	给水排水工程	给水工程	管道支架	kg	1. 名称：塑钢支架 2. 工作内容：支架制作、安装、刷漆	11.03	6.38	1.15	7.22	2.2	27.98	推荐定额： 1. 管道支架制作安装，一般管架 2. 金属结构刷油防锈漆第一遍 3. 金属结构刷油防锈漆第二遍 4. 金属结构刷油调和漆第一遍 5. 金属结构刷油调和漆第二遍
245	给水排水工程	给水工程	套管	个	1. 名称、类型：刚性防水套管 2. 材质：钢 3. 规格：DN100	157.08	141.33	9.86	102.68	30.05	441	推荐定额： 1. 刚性防水管100mm以内公称直径100mm以内 2. 刚性防水套管安装公称直径100mm以内
246	给水排水工程	给水工程	套管	个	1. 名称、类型：刚性防水套管 2. 材质：钢 3. 规格：DN50	98.28	88.14	6.43	64.25	18.84	275.94	推荐定额： 1. 刚性防水直径50mm以内公称直径50mm以内 2. 刚性防水套管安装公称直径50mm以内
247	给水排水工程	排水工程	塑料管	m	1. 材质及规格：HDPE双壁波纹管DN200，环刚度不小于8kN/m² 2. 连接形式：承插式橡胶密封圈连接 3. 压力试验要求：闭水试验 4. 满足图纸、规范及设计要求	36.36	50.69	1.39	23.76	6.79	118.99	推荐定额： 1. 塑料管铺设（胶圈接口）公称直径250mm以内换为【橡胶圈200mm】 2. 闭水试验管内径300mm

（续）

序号	项目类别	项目名称	清单名称	单位	特征描述	人工费/元	材料费/元	机械费/元	管理费/元	利润/元	综合单价/元	推荐执行定额子目
248	给水排水工程	排水工程	塑料管	m	1. 材质及规格：HDPE双壁波纹管DN150，环刚度不小于8kN/m² 2. 连接形式：承插式橡胶密封圈连接 3. 压力试验要求：闭水试验 4. 满足图纸、规范及设计要求	29.52	41.62	1.11	19.29	5.51	97.05	推荐定额： 1. 塑料管铺设（胶圈接口）公称直径150mm以内 2. 闭水试验管内径300mm
249	给水排水工程	排水工程	塑料管	m	1. 材质及规格：HDPE双壁波纹管DN100，环刚度不小于8kN/m² 2. 连接形式：承插式橡胶密封圈连接 3. 压力试验要求：闭水试验 4. 满足图纸、规范及设计要求	29.52	31.42	1.11	19.29	5.51	86.85	推荐定额： 1. 塑料管铺设（胶圈接口）公称直径150mm以内 2. 闭水试验管内径300mm
250	给水排水工程	排水工程	地漏	个	1. 材质：不锈钢 2. 规格：DN100	42.48	99.49	1.05	27.77	7.84	178.63	推荐定额： 地漏安装公称直径100mm以内

第四篇

甲方成本——项目成本归集，指标含量测算

本篇是站在甲方角度进行的成本测算。对于甲方成本，是以项目为测算对象，通过整个项目的对比分析，对成本进行归集，对经济指标和技术指标进行详细测算，给出单方造价、单方含量、数据指标等，指导未来新建项目的成本测算与宏观控制。

指标测算基本情况——安徽合肥景观公园一

指标测算概况

工程类别	园区景观	绿化率	29%	项目年份	2024
项目地址	合肥	承包模式	工程总承包	承包范围	绿化、景观、道路
绿化面积/m²	19019.11	硬景面积(含道路)/m²	6800.26	景区面积/m²	28788.8

计价情况

计价依据	13清单 安徽18定额	合同造价/万元	1514.69	计税模式	一般计税
质保金	总造价3%	质量	合格	工期	132d
预付款	总造价20%	进度款支付方式	形象进度	进度支付比例	80%

施工范围

本工程包括绿化工程、景观工程、道路工程、水电工程、小品

园林工程主要材料

绿化	乔木类 紫叶李、云杉、白皮松、蜀桧、雪松、油松、白蜡、国槐、栾树 灌木类 丛生黄栌、丁香、金银木、丛生紫薇、丛生花石榴、木槿、天目琼花 地被类 北海道黄杨、大叶黄杨、小叶黄杨、金叶女贞、紫叶小檗 草坪类 冷季型混播草坪 整理绿化用地 园区内回填种植土
景观	庭院灯、草坪灯、射树灯、地埋灯、投光灯 光面芝麻白整石坐凳、菠萝格面层坐凳(面层600mm宽)、片石挡墙、水景底板(含泵坑)、水景侧壁
给水 排水 电气 工程	给水工程 1. 给水设备：潜水泵、水表、喷头等 2. 给水管道：PPR 3. 给水阀门：取水阀门箱、快速取水阀、止回阀、闸阀 电气工程 1. 电缆类型：VV、JHS 2. 电管类型：PVC管材 雨污水工程 雨污水管道：PVC-U、双壁波纹管

经济指标

工程类别	项目类别	工程造价/万元	造价百分比	景区面积/m²	单方造价/(元/m²)
绿化	乔木	222.63	14.70%	28788.8	77.33
	灌木	7.45	0.49%	28788.8	2.59
	地被、草坪	199.48	13.17%	28788.8	69.29
	绿地整理	7.34	0.48%	28788.8	2.55
	园区内回填种植土	41.21	2.72%	28788.8	14.32
	绿化造价合计	478.12	31.57%	28788.8	166.08

(续)

经济指标

工程类别	项目类别	工程造价/万元	造价百分比	景区面积/m²	单方造价/(元/m²)
景观	人行道及其他铺装和道路	572.38	37.79%	28788.8	198.82
	园区围墙	185.00	12.21%	28788.8	64.26
	景墙	31.97	2.11%	28788.8	11.10
	花架	26.01	1.72%	28788.8	9.03
	小品	91.48	6.04%	28788.8	31.77
	木栈道	24.08	1.59%	28788.8	8.37
	景观造价合计	930.92	61.46%	28788.8	323.36
安装	给水工程	36.61	2.42%	28788.8	12.72
	电气工程	59.40	3.92%	28788.8	20.63
	雨污水工程	9.64	0.64%	28788.8	3.35
	安装造价合计	105.66	6.98%	28788.8	36.70
项目总造价		1514.69	100.00%	28788.8	526.14

技术指标

项目类别	项目名称	基础数量/m²	单位	单方含量	单方造价/(元/m²)	单项综合单价/元
绿化	乔木	19019.11	株/m²	0.04	77.33	2689.20
	灌木	19019.11	株/m²	0.03	2.59	240.84
	地被、草坪	19019.11	m²/m²	1.00	69.29	214.50
	绿地整理	19019.11	m²/m²	1.00	2.55	4.17
	园区内回填种植土	19019.11	m³/m²	0.30	14.32	78.01
景观	人行道及其他铺装和道路	6800.26	m²/m²	6.22	198.82	795.98
	园区围墙	6800.26	m/m²	0.17	64.26	1718.76
	景墙	6800.26	m/m²	0.00	11.10	6911.08
	花架	6800.26	m²/m²	0.03	9.03	1405.44
	小品	6800.26	m²/m²	4.23	31.77	34.31
	木栈道	6800.26	m²/m²	0.09	8.37	414.99

指标测算基本情况——山西大同景观公园

指标测算概况

工程类别	园区景观	绿化率	36%	项目年份	2024
项目地址	大同	承包模式	工程总承包	承包范围	绿化、景观、道路
绿化面积/m²	28316.74	硬景面积（含道路）/m²	18827.25	景区面积/m²	53257.23

计价情况

计价依据	13清单 山西18定额	合同造价/万元	2109.02	计税模式	一般计税
质保金	总造价3%	质量	合格	工期	171d
预付款	总造价20%	进度款支付方式	形象进度	进度支付比例	80%

施工范围

本工程包括绿化工程、景观工程、道路工程、水电工程、小品

园林工程主要材料

绿化	乔木类 元宝枫、丛生元宝枫、法桐、火炬树 灌木类 铺地柏、榆叶梅、红瑞木、棣棠、迎春 地被类 北海道黄杨、大叶黄杨、金叶女贞、紫叶小檗、卫矛 园区内回填种植土 负责土壤改良、场地整理、堆坡造型、种植土的换填等工作内容
景观	砖砌花池，石材墙面，石材压顶 硬质景观 1. 清理基层 2. 面层粘结 3. 材料运输等附属建筑物的表面扫毛 园区围墙 负责围墙的结构、抹灰、外饰面、水电接驳、排水预留预埋等范围
道路	道路工程 1. 负责厚度在30cm以内挖、填、找平、夯实、道路基层及面层施工 2. 负责车行道路：道路、植草格道路、沥青道路
给水 排水 电气 工程	给水工程 园区喷灌给水、水景水处理 电气工程 负责由变电所取电接驳至景观园林用电设备末端点位施工，包含出线线缆、线管的安装、敷设和广场灯、庭院灯、射灯等室外机电工程施工 雨污水工程 园区雨污水排水工程

(续)

经济指标

工程类别	项目类别	工程造价/万元	造价百分比	景区面积/m²	单方造价/(元/m²)
绿化	乔木	454.68	21.56%	53257.23	85.37
	灌木	7.88	0.37%	53257.23	1.48
	地被、草坪	270.00	12.80%	53257.23	50.70
	绿地整理	6.16	0.29%	53257.23	1.16
	园区内回填种植土	145.58	6.90%	53257.23	27.34
	绿化造价合计	884.30	41.93%	53257.23	166.04
景观	人行道及其他铺装和道路	923.94	43.81%	53257.23	173.49
	景墙	8.10	0.38%	53257.23	1.52
	廊架	6.59	0.31%	53257.23	1.24
	小品	3.67	0.17%	53257.23	0.69
	园区围墙	119.02	5.64%	53257.23	22.35
	景观造价合计	1061.32	50.32%	53257.23	199.28
安装	给水工程	58.43	2.77%	53257.23	10.97
	电气工程	76.46	3.63%	53257.23	14.36
	雨污水工程	28.51	1.35%	53257.23	5.35
	安装造价合计	163.40	7.75%	53257.23	30.68
项目总造价		2109.02	100.00%	53257.23	396.01

技术指标

项目类别	项目名称	基础数量/m²	单位	单方含量	单方造价/(元/m²)	单项综合单价/元
绿化	乔木	28316.74	株/m²	0.03	85.37	2754.00
	灌木	28316.74	株/m²	0.01	1.48	279.98
	地被、草坪	28316.74	m³/m²	1.00	50.70	169.96
	绿地整理	28316.74	m²/m²	1.00	1.16	2.32
	园区内回填种植土	28316.74	m³/m²	1.00	27.34	50.48
景观	人行道及其他铺装和道路	18827.25	m²/m²	1.07	173.49	1062.91
	景墙	18827.25	m/m²	0.01	1.52	3279.50
	廊架	18827.25	m²/m²	0.02	1.24	1148.55
	小品	18827.25	m²/m²	2.83	0.69	0.72
	园区围墙	18827.25	m/m²	0.06	22.35	1231.42

指标测算基本情况——河南郑州景观公园

指标测算概况

工程类别	园区景观	绿化率	37%	项目年份	2024
项目地址	郑州	承包模式	工程总承包	承包范围	绿化、景观、道路
绿化面积/m²	28153.59	硬景面积(含道路)/m²	13650.85	景区面积/m²	42249.95

计价情况

计价依据	13清单 河南16定额	合同造价/万元	1543.78	计税模式	一般计税
质保金	总造价3%	质量	合格	工期	151d
预付款	总造价20%	进度款支付方式	形象进度	进度支付比例	80%

施工范围

本工程包括绿化工程、景观工程、道路工程、水电工程、小品

园林工程主要材料

绿化	乔木类 金叶榆、榆树、丛生蒙古栎、杜仲、法桐、火炬树、丛生元宝枫 灌木类 丁香、金银木、丛生紫薇、丛生花石榴、天目琼花、榆叶梅、棣棠 园区内回填种植土 负责土壤改良、场地整理、堆坡造型、种植土的换填等工作内容
景观	硬质铺装 嵌草砖铺装、透水砖收边、安砌侧石 硬质景观 负责小区景墙、廊架、树池、车棚等附属建筑物的基础结构、抹灰、外饰面、水电接驳、排水预留预埋
道路	道路工程 1. 负责厚度在30cm以内挖、填、找平、夯实、道路基层及面层施工 2. 负责沥青道路
给水 排水 电气 工程	给水工程 园区喷灌给水 电气工程 负责由变电所取电接驳至景观园林用电设备末端点位施工,包含出线线缆、线管的安装、敷设和路灯、地灯、射灯等室外机电工程施工 雨污水工程 园区内雨污水管道及附属构筑物建设

经济指标

工程类别	项目类别	工程造价/万元	造价百分比	景区面积/m²	单方造价/(元/m²)
绿化	乔木	388.80	25.18%	42249.95	92.02
	灌木	29.48	1.91%	42249.95	6.98
	地被、草坪	335.56	21.74%	42249.95	79.42
	绿地整理	7.56	0.49%	42249.95	1.79
	园区内回填种植土	23.40	1.52%	42249.95	5.54
	绿化造价合计	784.80	50.84%	42249.95	185.75

(续)

经济指标

工程类别	项目类别	工程造价/万元	造价百分比	景区面积/m²	单方造价/(元/m²)
景观	石材铺装和道路	326.47	21.15%	42249.95	77.27
	廊架	76.90	4.98%	42249.95	18.20
	小品	4.86	0.31%	42249.95	1.15
	挡土墙	106.24	6.88%	42249.95	25.15
	树池	8.64	0.56%	42249.95	2.04
	车棚	68.80	4.46%	42249.95	16.28
	景观造价合计	591.90	38.34%	42249.95	140.10
安装	给水工程	29.48	1.91%	42249.95	6.98
	电气工程	81.32	5.27%	42249.95	19.25
	雨污水工程	56.27	3.64%	42249.95	13.32
	安装造价合计	167.08	10.82%	42249.95	39.54
项目总造价		1543.78	100.00%	42249.95	365.39

技术指标

项目类别	项目名称	基础数量/m²	单位	单方含量	单方造价/(元/m²)	单项综合单价/元
绿化	乔木	28153.59	株/m²	1.00	92.02	2808.00
	灌木	28153.59	株/m²	0.05	6.98	378.00
	地被、草坪	28153.59	m²/m²	1.00	79.42	173.61
	绿地整理	28153.59	m²/m²	1.00	1.79	4.00
	园区内回填种植土	28153.59	m³/m²	0.30	5.54	29.93
景观	石材铺装和道路	13650.85	m²/m²	0.72	77.27	321.87
	廊架	13650.85	m²/m²	0.05	18.20	688.09
	小品	13650.85	m²/m²	3.10	1.15	1.25
	挡土墙	13650.85	m³/m²	0.01	25.15	12243.02
	树池	13650.85	处/m²	0.01	2.04	6174.11
	车棚	13650.85	m²/m²	0.04	16.28	1477.31

指标测算基本情况——湖南长沙景观公园

指标测算概况

工程类别	园区景观	绿化率	28%	项目年份	2024
项目地址	长沙	承包模式	工程总承包	承包范围	绿化、景观、道路
绿化面积/m²	21727.44	硬景面积(含道路)/m²	9821.29	景区面积/m²	33203.03

计价情况

计价依据	13 清单 湖南 20 定额	合同造价/万元	1239.09	计税模式	一般计税
质保金	总造价3%	质量	合格	工期	135d
预付款	总造价20%	进度款支付方式	形象进度	进度支付比例	80%

施工范围

本工程包括绿化工程、景观工程、道路工程、水电工程、小品

园林工程主要材料

绿化	乔木类 金叶榆、银杏、皂角、旱柳、垂柳、金丝垂柳、千头椿 灌木类 卫矛、藤本月季、紫藤、丰花月季、紫叶小檗、水蜡球 地被类 五叶地锦、葡萄、兰花鼠尾草、矮牵牛、金叶女贞、卫矛 园区内回填种植土 绿地整理 微地形整坡
景观	景墙 花岗石墙面压顶+水泥砂浆粘结 廊架 六角亭施工+廊架施工 台阶 粘贴黄锈石台阶踏面及踢面 树池 基础结构+花岗石粘贴面层 园区围墙 钢筋混凝土结构、真石漆饰面、含镀锌钢管栏杆
道路	车行道牙 五莲红机切面路缘石 沥青道路 细粒式3cm厚黑色沥青混凝土+粗粒式5cm厚黑色沥青混凝土
给水 排水 电气 工程	给水工程 1. 给水设备：潜水泵 2. 给水管道：PE、镀锌钢管 3. 给水阀门：取水阀门箱、快速取水阀、其他 电气工程 1. 电缆类型：YJV、JHS 2. 电气配管：PE 3. 灯具类型：草坪灯、吊灯、侧壁灯、投光灯

(续)

经济指标

工程类别	项目类别	工程造价/万元	造价百分比	景区面积/m²	单方造价/(元/m²)
绿化	乔木	248.40	20.05%	33203.03	74.81
	灌木	29.16	2.35%	33203.03	8.78
	地被、草坪	243.00	19.61%	33203.03	73.19
	绿地整理	8.64	0.70%	33203.03	2.60
	园区内回填种植土	71.64	5.78%	33203.03	21.58
	绿化造价合计	600.84	48.49%	33203.03	180.96
景观	石材及其他铺装和道路	418.34	33.76%	33203.03	125.99
	景墙	17.28	1.39%	33203.03	5.20
	廊架	17.04	1.38%	33203.03	5.13
	台阶	1.34	0.11%	33203.03	0.40
	树池	26.31	2.12%	33203.03	7.92
	园区围墙	39.63	3.20%	33203.03	11.93
	汀步	4.01	0.32%	33203.03	1.21
	运动场地	30.20	2.44%	33203.03	9.09
	景观造价合计	554.14	44.72%	33203.03	166.89
安装	给水工程	49.02	3.96%	33203.03	14.76
	电气工程	35.10	2.83%	33203.03	10.57
	安装造价合计	84.12	6.79%	33203.03	25.34
	项目总造价	1239.09	100.00%	33203.03	373.19

技术指标

项目类别	项目名称	基础数量/m²	单位	单方含量	单方造价/(元/m²)	单项综合单价/元
绿化	乔木	21727.44	株/m²	0.03	74.81	2678.40
	灌木	21727.44	株/m²	0.04	8.78	642.79
	地被、草坪	21727.44	m²/m²	1.00	73.19	192.24
	绿地整理	21727.44	m²/m²	1.00	2.60	4.26
	园区内回填种植土	21727.44	m³/m²	0.30	21.58	72.36
景观	石材及其他铺装和道路	9821.29	m²/m²	2.18	125.99	848.88
	景墙	9821.29	m/m²	0.01	5.20	7849.19
	廊架	9821.29	m²/m²	0.03	5.13	2497.45
	台阶	9821.29	m²/m²	0.02	0.40	608.18
	树池	9821.29	处/m²	0.01	7.92	10963.66
	园区围墙	9821.29	m/m²	0.02	11.93	1715.50
	汀步	9821.29	m²/m²	0.02	1.21	293.74
	运动场地	9821.29	m²/m²	0.08	9.09	1715.50

指标测算基本情况——甘肃兰州景观公园一

指标测算概况

工程类别	园区景观	绿化率	31%	项目年份	2024
项目地址	兰州	承包模式	工程总承包	承包范围	绿化、景观、道路
绿化面积/m²	28922.07	硬景面积(含道路)/m²	31809.31	景区面积/m²	65038.49

计价情况

计价依据	13清单 甘肃19定额	合同造价/万元	2589.44	计税模式	一般计税
质保金	总造价3%	质量	合格	工期	193d
预付款	总造价20%	进度款支付方式	形象进度	进度支付比例	80%

施工范围

本工程包括绿化工程、景观工程、道路工程、水电工程、小品

园林工程主要材料

绿化	乔木类 刺槐、香花槐、金枝槐、苦楝、丛生水曲柳、丛生国槐 灌木类 丛生黄栌、金银木、丛生紫薇、丛生花石榴、木槿、天目琼花 地被类 大叶黄杨、卫矛、葡萄、五叶地锦、金叶女贞 园区内回填种植土 负责土壤改良、场地整理、堆坡造型、种植土的换填等工作内容
景观	硬质铺装 负责范围内的园路铺装、园路收边、道路基层及面层施工、景观小品、安装工程(包括结构基础、管线预留预埋和安装) 硬质景观 负责绿化栏杆、夹胶玻璃护栏等附属建筑物的基础结构、抹灰、外饰面、水电接驳、排水预留预埋
道路	道路工程 1. 负责厚度在30cm以内挖、填、找平、夯实、道路基层、面层及路侧石施工 2. 负责车行道路：沥青道路、植草砖道路、道牙等
给水 排水 电气 工程	给水工程 绿化给水，包含管道、取水器等 电气工程 负责由变电所取电接驳至景观园林用电设备末端点位施工，包含出线线缆、线管的安装、敷设和路灯等室外机电工程施工 弱电智能化工程 负责智能化设备安装及管线布置，包含车牌识别一体机、道闸、车辆检测器、交换机、光纤收发器等设备 雨污水工程 道路排水，包含雨水管、检查井等

(续)

经济指标

工程类别	项目类别	工程造价/万元	造价百分比	景区面积/m²	单方造价/(元/m²)
绿化	乔木	475.20	18.35%	65038.49	73.06
	灌木	18.38	0.71%	65038.49	2.83
	地被、草坪	349.92	13.51%	65038.49	53.80
	园区内回填种植土	67.65	2.61%	65038.49	10.40
	绿化造价合计	911.15	35.19%	65038.49	140.09
景观	石材及其他铺装和道路	1173.40	45.31%	65038.49	180.42
	景墙	72.36	2.79%	65038.49	11.13
	小品	6.57	0.25%	65038.49	1.01
	汀步	3.89	0.15%	65038.49	0.60
	人行道牙	49.46	1.91%	65038.49	7.61
	挡土墙	47.80	1.85%	65038.49	7.35
	栏杆	9.18	0.35%	65038.49	1.41
	花池	38.66	1.49%	65038.49	5.94
	树池	81.54	3.15%	65038.49	12.54
	景观造价合计	1482.86	57.27%	65038.49	228.00
安装	给水工程	81.30	3.14%	65038.49	12.50
	电气工程	69.63	2.69%	65038.49	10.71
	弱电智能化工程	44.50	1.72%	65038.49	6.84
	安装造价合计	195.43	7.55%	65038.49	30.05
项目总造价		2589.44	100.00%	65038.49	398.14

技术指标

项目类别	项目名称	基础数量/m²	单位	单方含量	单方造价/(元/m²)	单项综合单价/元
绿化	乔木	28922.07	株/m²	0.05	73.06	2856.16
	灌木	28922.07	株/m²	0.03	2.83	240.63
	地被、草坪	28922.07	m²/m²	1.00	53.80	194.71
	园区内回填种植土	28922.07	m³/m²	0.37	10.40	68.30
景观	景墙	31809.31	m/m²	0.01	11.13	1559.91
	小品	31809.31	m²/m²	2.04	1.01	1.09
	石材及其他铺装和道路	31809.31	m²/m²	1.34	180.42	631.05
	汀步	31809.31	m²/m²	0.01	0.60	362.42
	人行道牙	31809.31	m/m²	0.21	7.61	81.17
	挡土墙	31809.31	m³/m²	0.04	7.35	411.50
	栏杆	31809.31	m/m²	0.01	1.41	279.87
	花池	31809.31	处/m²	0.02	5.94	16127.79
	树池	31809.31	处/m²	0.01	12.54	2952.78

指标测算基本情况——安徽安庆景观公园

指标测算概况

工程类别	园区景观	绿化率	34%	项目年份	2024
项目地址	安庆	承包模式	工程总承包	承包范围	绿化、景观、道路
绿化面积/m²	22562.12	硬景面积（含道路）/m²	6502.68	景区面积/m²	30541.77

计价情况

计价依据	13清单 安徽18定额	合同造价/万元	1236.96	计税模式	一般计税
质保金	总造价3%	质量	合格	工期	232d
预付款	总造价20%	进度款支付方式	形象进度	进度支付比例	80%

施工范围

本工程包括绿化工程、景观工程、道路工程、水电工程、小品

园林工程主要材料

绿化	乔木类 苦楝、速生杨、马褂木、朴树、构树、板栗、复叶槭 灌木类 木槿、天目琼花、铺地柏、榆叶梅、红瑞木、棣棠、迎春 地被类 五叶地锦、兰花鼠尾草、绣球花、紫叶小檗、北海道黄杨 园区内回填种植土 负责土壤改良、场地整理、堆坡造型、种植土的换填等工作内容
景观	硬质铺装 负责范围内的厚度在30cm以内挖、填、找平、夯实、道路基层及面层施工、景观小品、安装工程（包括结构基础、管线预留预埋和安装） 硬质景观 负责不锈钢绳索护栏、防腐木栏杆、水泥仿木纹栏杆等附属建筑物的基础结构、抹灰、外饰面、水电接驳、排水预留预埋
道路	道路工程 1. 负责道路基层、面层及路侧石施工 2. 负责车行道路：铺装道路、沥青道路石材收边
给水 排水 电气 工程	雨污水工程 园区雨污水排水管道、雨污井

经济指标

工程类别	项目类别	工程造价/万元	造价百分比	景区面积/m²	单方造价/(元/m²)
绿化	乔木	264.60	21.39%	30541.77	86.64
	灌木	25.49	2.06%	30541.77	8.35
	地被、草坪	157.68	12.75%	30541.77	51.63
	绿地整理	7.56	0.61%	30541.77	2.48
	园区内回填种植土	31.75	2.57%	30541.77	10.40
	绿化造价合计	487.08	39.38%	30541.77	159.48

(续)

经济指标

工程类别	项目类别	工程造价/万元	造价百分比	景区面积/m²	单方造价/(元/m²)
景观	地砖及其他铺装和道路	345.85	27.96%	30541.77	113.24
	运动场地	16.85	1.36%	30541.77	5.52
	廊架	59.83	4.84%	30541.77	19.59
	挡土墙	86.29	6.98%	30541.77	28.25
	树池	11.77	0.95%	30541.77	3.85
	车棚	38.56	3.12%	30541.77	12.62
	园区围墙	113.83	9.20%	30541.77	37.27
	景观造价合计	672.98	54.41%	30541.77	220.35
安装	给水工程	16.42	1.33%	30541.77	5.37
	电气工程	40.61	3.28%	30541.77	13.30
	雨污水工程	19.87	1.61%	30541.77	6.51
	安装造价合计	76.90	6.22%	30541.77	25.18
项目总造价		1236.96	100.00%	30541.77	405.00

技术指标

项目类别	项目名称	基础数量/m²	单位	单方含量	单方造价/(元/m²)	单项综合单价/元
绿化	乔木	22562.12	株/m²	0.06	86.64	2668.46
	灌木	22562.12	株/m²	0.02	8.35	528.12
	地被、草坪	22562.12	m²/m²	1.00	51.63	214.49
	绿地整理	22562.12	m²/m²	1.00	2.48	4.97
	园区内回填种植土	22562.12	m³/m²	0.30	10.40	50.61
景观	地砖及其他铺装和道路	6502.68	m²/m²	0.95	113.24	875.88
	运动场地	6502.68	m²/m²	0.05	5.52	577.28
	廊架	6502.68	m²/m²	0.04	19.59	2575.10
	挡土墙	6502.68	m³/m²	0.10	28.25	1466.13
	树池	6502.68	处/m²	0.01	3.85	58726.23
	车棚	6502.68	m²/m²	0.06	12.62	1145.13
	园区围墙	6502.68	m/m²	0.20	37.27	970.95

指标测算基本情况——内蒙古呼和浩特景观公园

指标测算概况

工程类别	园区景观	绿化率	31%	项目年份	2024
项目地址	呼和浩特	承包模式	工程总承包	承包范围	绿化、景观、道路
绿化面积/m²	7626.81	硬景面积(含道路)/m²	7424.41	景区面积/m²	19792.73

计价情况

计价依据	13清单 内蒙古13定额	合同造价/万元	710.29	计税模式	一般计税
质保金	总造价3%	质量	合格	工期	90d
预付款	总造价20%	进度款支付方式	形象进度	进度支付比例	80%

施工范围

本工程包括绿化工程、景观工程、道路工程、水电工程、小品

园林工程主要材料

绿化	乔木类 复叶槭、核桃、板栗、速生杨、千头椿、垂柳 灌木类 连翘、金叶女贞球、红瑞木、榆叶梅、海桐球、大叶黄杨球 地被类 紫叶小檗、卫矛、五叶地锦、葡萄、千屈菜、玉簪 园区内回填种植土 负责土壤改良、场地整理、堆坡造型、种植土的换填等工作内容
景观	硬质铺装 负责范围内的厚度在30cm以内挖、填、找平、夯实、道路基层及面层施工、景观小品、安装工程(包括结构基础、管线预留预埋和安装) 硬质景观 负责垫层、砖砌筑花池等附属建筑物的基础结构、抹灰、外饰面、水电接驳、排水预留预埋
道路	道路工程 1. 负责道路基层及面层 2. 负责沥青道路
给水 排水 电气 工程	给水工程 绿化给水、水景给水，包含管道、取水器等 电气工程 负责由变电所取电接驳至景观园林用电设备末端点位施工，包含出线线缆、线管的安装、敷设和景观灯柱、特色灯柱、庭院灯、射树灯、壁灯等室外机电工程施工 雨污水工程 路面排水，水景排水

(续)

经济指标

工程类别	项目类别	工程造价/万元	造价百分比	景区面积/m²	单方造价/(元/m²)
绿化	乔木	162.00	22.81%	19792.73	81.85
	灌木	8.26	1.16%	19792.73	4.17
	地被、草坪	100.44	14.14%	19792.73	50.75
	园区内回填种植土	18.14	2.55%	19792.73	9.17
	绿化造价合计	288.85	40.67%	19792.73	145.94
景观	石材及其他铺装和道路	320.65	45.14%	19792.73	162.00
	运动场地	14.80	2.08%	19792.73	7.48
	花架	3.02	0.43%	19792.73	1.53
	栏杆	7.78	1.09%	19792.73	3.93
	花池	6.26	0.88%	19792.73	3.16
	观赏水景（硬质水体）	18.04	2.54%	19792.73	9.11
	景观造价合计	370.55	52.17%	19792.73	187.21
安装	给水工程	9.37	1.32%	19792.73	4.74
	电气工程	32.35	4.55%	19792.73	16.34
	雨污水工程	9.18	1.29%	19792.73	4.64
	安装造价合计	50.90	7.17%	19792.73	25.72
	项目总造价	710.29	100.00%	19792.73	358.87

技术指标

项目类别	项目名称	基础数量/m²	单位	单方含量	单方造价/(元/m²)	单项综合单价/元
绿化	乔木	7626.81	株/m²	0.02	81.85	2611.21
	灌木	7626.81	株/m²	0.05	4.17	235.34
	地被、草坪	7626.81	m²/m²	1.00	50.75	192.20
	园区内回填种植土	7626.81	m³/m²	0.40	9.17	64.20
景观	石材及其他铺装和道路	7424.41	m²/m²	1.95	162.00	907.86
	运动场地	7424.41	m²/m²	0.05	7.48	710.64
	花架	7424.41	m²/m²	0.01	1.53	1375.52
	栏杆	7424.41	m/m²	0.02	3.93	646.82
	花池	7424.41	处/m²	0.01	3.16	20782.95
	观赏水景（硬质水体）	7424.41	m²/m²	0.01	9.11	2888.25

指标测算基本情况——江西南昌景观公园

指标测算概况

工程类别	园区景观	绿化率	37%	项目年份	2024
项目地址	南昌	承包模式	工程总承包	承包范围	绿化、景观、道路
绿化面积/m^2	46256.88	硬景面积(含道路)/m^2	18830.54	景区面积/m^2	68137.09

计价情况

计价依据	13清单 江西13定额	合同造价/万元	2297.12	计税模式	一般计税
质保金	总造价3%	质量	合格	工期	196d
预付款	总造价20%	进度款支付方式	形象进度	进度支付比例	80%

施工范围

本工程包括绿化工程、景观工程、道路工程、水电工程、小品

园林工程主要材料

绿化	乔木类 复叶槭、核桃、板栗、构树、马褂木、新疆杨、速生杨、丛生国槐 灌木类 水蜡球、茶条槭球、锦带球、金叶榆球、云杉球、小叶黄杨球 园区内回填种植土 负责土壤改良、场地整理、堆坡造型、种植土的换填等工作内容
景观	负责清理基层、骨架制作、安装、干挂石材、材料运输、基础结构、抹灰、外饰面、水电接驳、排水预留预埋 钢化夹胶玻璃顶棚、透水砖铺装、嵌草砖铺装
道路	道路工程 1. 负责厚度在30cm以内挖、填、找平、夯实、道路基层、面层及路侧石施工 2. 负责铺装道路、商业街、道牙、沥青道路石材收边
给水 排水 电气 工程	给水工程 园区喷灌给水 电气工程 负责由变电所取电接驳至景观园林用电设备末端点位施工，包含出线线缆、线管的安装、敷设和路灯、地灯、射灯等室外机电工程施工 雨污水工程 园区内排水管道及附属构筑物建设

经济指标

工程类别	项目类别	工程造价/万元	造价百分比	景区面积/m^2	单方造价/(元/m^2)
绿化	乔木	429.98	18.72%	68137.09	63.11
	地被、草坪	495.32	21.56%	68137.09	72.69
	绿化整理	22.99	1.00%	68137.09	3.37
	园区内回填种植土	24.07	1.05%	68137.09	3.53
	绿化造价合计	972.37	42.33%	68137.09	142.71

(续)

经济指标

工程类别	项目类别	工程造价/万元	造价百分比	景区面积/m²	单方造价/(元/m²)
景观	石材铺装及道路	858.47	37.37%	68137.09	125.99
	景观亭	111.13	4.84%	68137.09	16.31
	驳岸	30.21	1.32%	68137.09	4.43
	挡土墙	46.15	2.01%	68137.09	6.77
	栏杆	6.70	0.29%	68137.09	0.98
	车棚	80.43	3.50%	68137.09	11.80
	小品	7.13	0.31%	68137.09	1.05
	景观造价合计	1140.21	49.64%	68137.09	167.34
安装	给水工程	38.16	1.66%	68137.09	5.60
	电气工程	116.04	5.05%	68137.09	17.03
	雨污水工程	30.35	1.32%	68137.09	4.45
	安装造价合计	184.54	8.03%	68137.09	27.08
项目总造价		2297.12	100.00%	68137.09	337.13

技术指标

项目类别	项目名称	基础数量/m²	单位	单方含量	单方造价/(元/m²)	单项综合单价/元
绿化	乔木	46256.88	株/m²	0.02	63.11	2937.64
	地被、草坪	46256.88	m²/m²	1.00	72.69	948.94
	绿化整理	46256.88	m²/m²	1.00	3.37	5.37
	园区内回填种植土	46256.88	m³/m²	0.30	3.53	34.54
景观	石材铺装及道路	18830.54	m²/m²	2.00	125.99	727.25
	景观亭	18830.54	m²/m²	0.02	16.31	2561.07
	驳岸	18830.54	m²/m²	0.03	4.43	515.25
	挡土墙	18830.54	m³/m²	0.05	6.77	529.20
	栏杆	18830.54	m/m²	0.01	0.98	309.63
	车棚	18830.54	m²/m²	0.04	11.80	1040.72
	小品	18830.54	m²/m²	3.62	1.05	1.13

指标测算基本情况——河南洛阳景观公园一

指标测算概况

工程类别	园区景观	绿化率	39%	项目年份	2024
项目地址	洛阳	承包模式	工程总承包	承包范围	绿化、景观、道路
绿化面积/m²	8710.97	硬景面积(含道路)/m²	3542.44	景区面积/m²	14361.24

计价情况

计价依据	13清单 河南16定额	合同造价/万元	571.72	计税模式	一般计税
质保金	总造价3%	质量	合格	工期	104d
预付款	总造价20%	进度款支付方式	形象进度	进度支付比例	80%

施工范围

本工程包括绿化工程、景观工程、道路工程、水电工程、小品

园林工程主要材料

绿化	乔木类 丛生蒙古栎、金叶榆、银杏、皂角、旱柳、金丝垂柳、千头椿 灌木类 榆叶梅、红瑞木、迎春、棣棠、大叶黄杨球 地被类 北海道黄杨、大叶黄杨、小叶黄杨、金叶女贞、紫叶小檗 园区内回填种植土 负责土壤改良、场地整理、堆坡造型、种植土的换填等工作内容
景观	硬质铺装 文化石墙面、铝单板饰面(混凝土基层)、方钢骨架基层等 硬质景观 负责廊架、景观亭、车棚等附属建筑物的基础结构、抹灰、外饰面、水电接驳、排水预留预埋
道路	道路工程 负责车行道路、铺装道路、植草格道路、商业街、道牙、沥青道路石材收边、消防登高面、隐性消防车道植草格及路面铺装
给水 排水 电气 工程	给水工程 园区喷灌给水 电气工程 负责由变电所取电接驳至景观园林用电设备末端点位施工,包含出线线缆、线管的安装、敷设和路灯、地灯、射灯等室外机电工程施工

经济指标

工程类别	项目类别	工程造价/万元	造价百分比	景区面积/m²	单方造价/(元/m²)
绿化	乔木	95.44	16.69%	14361.24	66.46
	灌木	2.74	0.48%	14361.24	1.91
	地被、草坪	83.47	14.60%	14361.24	58.12
	绿地整理	6.04	1.06%	14361.24	4.21
	园区内回填种植土	18.50	3.24%	14361.24	12.88
	绿化造价合计	206.19	36.06%	14361.24	143.57

(续)

经济指标

工程类别	项目类别	工程造价/万元	造价百分比	景区面积/m²	单方造价/(元/m²)
景观	人行道及其他铺装和道路	131.55	23.01%	14361.24	91.60
	廊架	82.40	14.41%	14361.24	57.38
	运动场地	29.10	5.09%	14361.24	20.26
	人行道牙	14.70	2.57%	14361.24	10.24
	景观亭	6.23	1.09%	14361.24	4.34
	车棚	55.88	9.77%	14361.24	38.91
	景观造价合计	319.86	55.95%	14361.24	222.72
安装	给水工程	10.45	1.83%	14361.24	7.28
	电气工程	35.22	6.16%	14361.24	24.52
	安装造价合计	45.67	7.99%	14361.24	31.80
项目总造价		571.72	100.00%	14361.24	398.10

技术指标

项目类别	项目名称	基础数量/m²	单位	单方含量	单方造价/(元/m²)	单项综合单价/元
绿化	乔木	8710.97	株/m²	0.02	66.46	2356.93
	灌木	8710.97	株/m²	0.03	1.91	191.35
	地被、草坪	8710.97	m²/m²	1.00	58.12	146.68
	绿地整理	8710.97	m²/m²	1.00	4.21	6.93
	园区内回填种植土	8710.97	m³/m²	0.50	12.88	42.50
景观	人行道及其他铺装和道路	3542.44	m²/m²	1.74	91.60	540.36
	廊架	3542.44	m²/m²	0.12	57.38	1971.52
	运动场地	3542.44	m²/m²	0.26	20.26	310.36
	人行道牙	3542.44	m/m²	0.46	10.24	90.14
	景观亭	3542.44	m²/m²	0.01	4.34	2486.69
	车棚	3542.44	m²/m²	0.08	38.91	1971.94

指标测算基本情况——广东广州景观公园

指标测算概况

工程类别	园区景观	绿化率	29%	项目年份	2024
项目地址	广州	承包模式	工程总承包	承包范围	绿化、景观、道路
绿化面积/m²	26644.96	硬景面积(含道路)/m²	9566.28	景区面积/m²	42117.93

计价情况

计价依据	13清单 广东18定额	合同造价/万元	1840.45	计税模式	一般计税
质保金	总造价3%	质量	合格	工期	150d
预付款	总造价20%	进度款支付方式	形象进度	进度支付比例	80%

施工范围

本工程包括绿化工程、景观工程、道路工程、水电工程、小品

园林工程主要材料

绿化	乔木类 丛生元宝枫、法桐、火炬树、杜仲、蒙古栎、丛生蒙古栎、榆树 灌木类 木槿、天目琼花、铺地柏、榆叶梅、棣棠、金叶女贞球、海桐球 地被类 五叶地锦、酢浆草、金叶番薯、彩叶草、鼠尾草
景观	硬质铺装 真石漆墙面(挡墙) 1. 专用罩光清漆 2. 真石漆涂料两遍 3. 勾缝分格处理 4. 抗碱封闭底漆一遍 5. 刮腻子 水洗石地面、印花地坪
道路	道路工程 1. 负责厚度在30cm以内挖、填、找平、夯实、道路基层及面层 2. 负责场区道路、停车场、沥青道路
给水 排水 电气 工程	给水工程 绿化给水,包含管道、取水器等 电气工程 负责由变电所取电接驳至景观园林用电设备末端点位施工,包含出线线缆、线管的安装、敷设和庭院灯、草坪灯、投光灯、侧壁灯等室外机电工程施工

经济指标

工程类别	项目类别	工程造价/万元	造价百分比	景区面积/m²	单方造价/(元/m²)
绿化	乔木	331.20	18.00%	42117.93	78.64
	灌木	12.00	0.65%	42117.93	2.85
	地被、草坪	217.85	11.84%	42117.93	51.72
	绿地整理	0.36	0.02%	42117.93	0.08
	园区内回填种植土	25.46	1.38%	42117.93	6.04
	绿化造价合计	586.86	31.89%	42117.93	139.34

(续)

经济指标

工程类别	项目类别	工程造价/万元	造价百分比	景区面积/m²	单方造价/(元/m²)
景观	景墙	18.33	1.00%	42117.93	4.35
	廊架	139.24	7.57%	42117.93	33.06
	石材及其他铺装和道路	474.22	25.77%	42117.93	112.59
	景观亭	168.48	9.15%	42117.93	40.00
	栏杆	59.89	3.25%	42117.93	14.22
	花池	44.93	2.44%	42117.93	10.67
	车棚	231.99	12.61%	42117.93	55.08
	景观造价合计	1137.08	61.78%	42117.93	269.97
安装	给水工程	10.81	0.59%	42117.93	2.57
	电气工程	105.70	5.74%	42117.93	25.10
	安装造价合计	116.51	6.33%	42117.93	27.66
项目总造价		1840.45	100.00%	42117.93	436.98

技术指标

项目类别	项目名称	基础数量/m²	单位	单方含量	单方造价/(元/m²)	单项综合单价/元
绿化	乔木	26644.96	株/m²	0.04	78.64	2416.46
	灌木	26644.96	株/m²	0.03	2.85	183.75
	地被、草坪	26644.96	m²/m²	1.00	51.72	175.98
	绿地整理	26644.96	m²/m²	1.00	0.08	0.14
	园区内回填种植土	26644.96	m³/m²	23.59	6.04	34.35
景观	景墙	9566.28	m/m²	0.01	4.35	1676.62
	廊架	9566.28	m²/m²	0.07	33.06	2362.85
	石材及其他铺装和道路	9566.28	m²/m²	8.13	112.59	744.92
	景观亭	9566.28	m²/m²	0.08	40.00	2362.85
	栏杆	9566.28	m/m²	0.15	14.22	460.60
	花池	9566.28	处/m²	0.01	10.67	64194.72
	车棚	9566.28	m²/m²	0.47	55.08	556.01

指标测算基本情况——河南开封景观公园

指标测算概况

工程类别	园区景观	绿化率	23%	项目年份	2024
项目地址	开封	承包模式	工程总承包	承包范围	绿化、景观、道路
绿化面积/m²	1020.84	硬景面积(含道路)/m²	1015.83	景区面积/m²	4819.12

计价情况

计价依据	13清单 河南18定额	合同造价/万元	282.98	计税模式	增值税
质保金	总造价3%	质量	合格	工期	100d
预付款	总造价20%	进度款支付方式	形象进度	进度支付比例	80%

施工范围

本工程包括绿化工程、景观工程、道路工程、水电工程、小品

园林工程主要材料

绿化	乔木类 板栗、核桃、复叶槭、黄栌、杜梨、梨树、金枝槐、香花槐、刺槐 灌木类 灌木、海桐球、大叶黄杨球、水蜡球、茶条槭球、小叶黄杨球 地被类 金叶苔草、风铃草、狼尾草、北海道黄杨、大叶黄杨、紫叶小檗、卫矛
道路	车行铺装道路 花岗石路缘铺装 1. 600mm×300mm×50mm 荔枝面芝麻灰花岗石 2. 30mm 厚 1:3 干硬性水泥砂浆 3. 150mm 厚 C20 素混凝土垫层 4. 300mm 厚 3:7 灰土垫层 5. 素土夯实
小品	河石布置
给水 排水 电气 工程	给水工程 1. 给水管道：PE，HDPE 2. 给水阀门：螺纹阀门、焊接法兰阀门 电气工程 1. 电缆类型：YJV 2. 灯具类型：地灯、庭院灯

经济指标

工程类别	项目类别	工程造价/万元	造价百分比	景区面积/m²	单方造价/(元/m²)
绿化	乔木	34.70	12.26%	4819.12	72.01
	灌木	5.82	2.06%	4819.12	12.08
	地被、草坪	22.46	7.94%	4819.12	46.61
	绿地整理	0.38	0.13%	4819.12	0.78
	绿化造价合计	63.36	22.39%	4819.12	131.48

(续)

经济指标

工程类别	项目类别	工程造价/万元	造价百分比	景区面积/m²	单方造价/(元/m²)
景观	铺装道路	146.90	51.91%	4819.12	304.83
	小品	2.07	0.73%	4819.12	4.30
	围墙	44.03	15.56%	4819.12	91.37
	景观造价合计	193.01	68.20%	4819.12	400.50
安装	给水工程	14.12	4.99%	4819.12	29.29
	电气工程	12.50	4.42%	4819.12	25.93
	安装造价合计	26.61	9.40%	4819.12	55.22
项目总造价		282.98	100.00%	4819.12	587.21

技术指标

项目类别	项目名称	基础数量/m²	单位	单方含量	单方造价/(元/m²)	单项综合单价/元
绿化	乔木	1020.84	株/m²	0.08	72.01	2874.12
	灌木	1020.84	株/m²	0.10	12.08	593.91
	地被、草坪	1020.84	m²/m²	1.00	46.61	145.44
	绿地整理	1020.84	m²/m²	6.73	0.78	0.59
景观	铺装道路	1015.83	m²/m²	9.37	304.83	124.76
	小品	1015.83	m²/m²	0.02	4.30	146.16
	围墙	1015.83	m/m³	0.86	91.37	14.44

指标测算基本情况——北京景观公园

指标测算概况

工程类别	园区景观	绿化率	25%	项目年份	2024
项目地址	北京	承包模式	工程总承包	承包范围	绿化、景观、道路
绿化面积/m²	7305.56	硬景面积(含道路)/m²	9684.19	景区面积/m²	16989.97

计价情况

计价依据	13清单 北京21定额	合同造价/万元	891.19	计税模式	增值税
质保金	总造价3%	质量	合格	工期	185d
预付款	总造价20%	进度款支付方式	形象进度	进度支付比例	80%

施工范围

本工程包括绿化工程、景观工程、道路工程、水电工程、小品

园林工程主要材料

绿化	乔木类 山荆子、柿子树、紫叶李、紫叶稠李、白玉兰 灌木类 水蜡球、茶条槭球、紫叶小檗、卫矛球 地被类 观赏性向日葵、剪股颖、冷季型混播草坪、油菜花 绿地整理 绿地起坡工程、砍伐清理工程
景观	标线、定制坐凳、塑木地板(钢龙骨基层)、塑木地板(木龙骨基层)、砾石散铺、卵石铺装(不拼花)
道路	人行铺装道路：芝麻灰仿石材PC砖 车行铺装道路：沥青混凝土
小品	其他道路：沥青混凝土
给水 排水 电气 工程	给水工程 1. 给水管道：UPVC 2. 给水阀门：铜制 电气工程 1. 灯具类型：景观照明灯 2. 智能化工程电缆类型：YJY-1KV-3×6

经济指标

工程类别	项目类别	工程造价/万元	造价百分比	景区面积/m²	单方造价/(元/m²)
绿化	乔木	127.20	14.27%	16989.97	74.87
	灌木	9.70	1.09%	16989.97	5.71
	地被、草坪	139.89	15.70%	16989.97	82.34
	绿地整理	12.25	1.37%	16989.97	7.21
	绿化造价合计	289.04	32.43%	16989.97	170.12

(续)

经济指标

工程类别	项目类别	工程造价/万元	造价百分比	景区面积/m²	单方造价/(元/m²)
景观	铺装道路及其他	304.56	34.17%	16989.97	179.26
	小品	145.53	16.33%	16989.97	85.66
	土石方	90.83	10.19%	16989.97	53.46
	景观造价合计	540.92	60.70%	16989.97	318.37
安装	给水工程	22.41	2.51%	16989.97	13.19
	电气工程	38.83	4.36%	16989.97	22.85
	安装造价合计	61.24	6.87%	16989.97	36.04
项目总造价		891.19	100.00%	16989.97	524.54

技术指标

项目类别	项目名称	基础数量/m²	单位	单方含量	单方造价/(元/m²)	单项综合单价/元
绿化	乔木	7305.56	株/m²	0.04	74.87	2473.03
	灌木	7305.56	株/m²	0.03	5.71	423.53
	地被、草坪	7305.56	m²/m²	1.00	82.34	185.79
	绿地整理	7305.56	m²/m²	1.66	7.21	5.41
景观	铺装道路及其他	9684.19	m²/m²	4.01	179.26	77.73
	小品	9684.19	m²/m²	0.99	85.66	101.13
	土石方	9684.19	m³/m²	1.42	53.46	10.41

指标测算基本情况——上海景观公园

指标测算概况

工程类别	园区景观	绿化率	27%	项目年份	2024
项目地址	上海	承包模式	工程总承包	承包范围	绿化、景观、道路
绿化面积/m²	4133.52	硬景面积（含道路）/m²	7358.64	景区面积/m²	11492.17

计价情况

计价依据	13清单 上海16定额	合同造价/万元	608.69	计税模式	增值税
质保金	总造价3%	质量	合格	工期	95d
预付款	总造价20%	进度款支付方式	形象进度	进度支付比例	80%

施工范围

本工程包括绿化工程、景观工程、道路工程、水电工程、小品

园林工程主要材料

绿化	乔木类 辛夷玉兰、山杏、云杉、蜀桧、雪松、国槐、元宝枫 灌木类 锦带球、金叶榆球、红瑞木、棣棠、紫荆、金叶女贞球 地被类 羽衣甘蓝、孔雀草、雏菊、紫苑、万寿菊、非洲菊、千头菊、酢浆草 草坪类 马尼拉草、人造合成草坪
道路	花岗石石材铺装图案点缀、盲道砖、汀步、透水砖园路铺装（工字铺）、透水砖园路铺装（人字铺）
给水 排水 电气 工程	给水工程 1. 给水设备：水泵接合器 2. 给水阀门：焊接阀门 电气工程 1. 电缆类型：YJV 2. 灯具类型：庭院灯，高杆灯

经济指标

工程类别	项目类别	工程造价/万元	造价百分比	景区面积/m²	单方造价/(元/m²)
绿化	乔木	96.51	15.86%	11492.17	83.98
	灌木	5.59	0.92%	11492.17	4.87
	草坪	26.68	4.38%	11492.17	23.21
	绿化造价合计	128.78	21.16%	11492.17	112.06
景观	铺装道路及其他	350.07	57.51%	11492.17	304.62
	土石方工程	13.50	2.22%	11492.17	11.75
	围墙	62.32	10.24%	11492.17	54.22
	景观造价合计	425.89	69.97%	11492.17	370.59

(续)

经济指标

工程类别	项目类别	工程造价/万元	造价百分比	景区面积/m²	单方造价/(元/m²)
安装	给水工程	37.51	6.16%	11492.17	32.64
	电气工程	16.51	2.71%	11492.17	14.37
	安装造价合计	54.02	8.88%	11492.17	47.01
项目总造价		608.69	100.00%	11492.17	529.65

技术指标

项目类别	项目名称	基础数量/m²	单位	单方含量	单方造价/(元/m²)	单项综合单价/元
绿化	乔木	4133.52	株/m²	0.05	83.98	2851.43
	灌木	4133.52	株/m²	0.02	4.87	530.56
	草坪	4133.52	m²/m²	1.01	23.21	177.35
景观	铺装道路及其他	7358.64	m²/m²	0.33	304.62	132.03
	土石方工程	7358.64	m³/m²	0.45	11.75	8.89
	围墙	7358.64	m/m²	0.01	54.22	9.49

指标测算基本情况——甘肃兰州景观公园二

指标测算概况

工程类别	园区景观	绿化率	26%	项目年份	2024
项目地址	兰州	承包模式	工程总承包	承包范围	绿化、景观、道路
绿化面积/m²	3591.86	硬景面积（含道路）/m²	9296.99	景区面积/m²	12888.86

计价情况

计价依据	13清单 甘肃19定额	合同造价/万元	563.16	计税模式	增值税
质保金	总造价3%	质量	合格	工期	180d
预付款	总造价20%	进度款支付方式	形象进度	进度支付比例	80%

施工范围

本工程包括绿化工程、景观工程、道路工程、水电工程、小品

园林工程主要材料

绿化	乔木类 紫薇、八棱海棠、速生杨、丛生国槐、丛生水曲柳、苦楝、金枝槐 灌木类 云杉球、金叶榆球、丛生黄栌、丛生花石榴 地被类 玛格丽特、彩叶草、瓜叶菊、五叶地锦、北海道黄杨 草坪类 矮生百慕大混播黑麦草
景观	条凳、投光灯、地埋灯、草坪灯、庭院灯、水景池壁贴面、池壁压顶
道路	人行铺装道路 30mm厚300mm×600mm火烧面贵妃红花岗石、60mm厚100mm×100mm橙色石英砂面透水砖 车行铺装道路 4cm厚细粒式SBS改性沥青
给水 排水 电气 工程	给水工程 1. 给水管道：离心球墨铸铁给水管、PE给水管 2. 给水阀门：暗杆式闸阀 电气工程 1. 电缆类型：YJV 2. 灯具类型：路灯

经济指标

工程类别	项目类别	工程造价/万元	造价百分比	景区面积/m²	单方造价/(元/m²)
绿化	乔木	92.16	16.36%	12888.86	71.50
	灌木	1.35	0.24%	12888.86	1.05
	地被、草坪	65.38	11.61%	12888.86	50.73
	绿地整理	8.83	1.57%	12888.86	6.85
	绿化造价合计	167.72	29.78%	12888.86	130.13

（续）

经济指标

工程类别	项目类别	工程造价/万元	造价百分比	景区面积/m²	单方造价/(元/m²)
景观	道路铺装及其他	246.45	43.76%	12888.86	191.21
	土石方工程	35.61	6.32%	12888.86	27.63
	小品综合	39.66	7.04%	12888.86	30.77
	景观造价合计	321.71	57.13%	12888.86	249.60
安装	给水工程	49.91	8.86%	12888.86	38.72
	电气工程	23.81	4.23%	12888.86	18.48
	安装造价合计	73.72	13.09%	12888.86	57.20
项目总造价		563.16	100.00%	12888.86	436.93

技术指标

项目类别	项目名称	基础数量/m²	单位	单方含量	单方造价/(元/m²)	单项综合单价/元
绿化	乔木	3591.86	株/m²	0.08	71.50	3077.50
	灌木	3591.86	株/m²	0.02	1.05	280.77
	地被、草坪	3591.86	m²/m²	1.00	50.73	176.77
	绿地整理	3591.86	m²/m²	1.00	6.85	7.12
景观	道路铺装及其他	9296.99	m²/m²	184.13	191.21	43.80
	土石方工程	9296.99	m³/m²	1.15	27.63	25.84
	小品综合	9296.99	m²/m²	0.02	30.77	162.00

指标测算基本情况——安徽合肥景观公园二

指标测算概况

工程类别	园区景观	绿化率	27%	项目年份	2024
项目地址	合肥	承包模式	工程总承包	承包范围	绿化、景观、道路
绿化面积/m²	113.4	硬景面积(含道路)/m²	2160	景区面积/m²	2273.4

计价情况

计价依据	13清单 安徽18定额	合同造价/万元	115.24	计税模式	增值税
质保金	总造价3%	质量	合格	工期	80d
预付款	总造价20%	进度款支付方式	形象进度	进度支付比例	80%

施工范围

本工程包括绿化工程、景观工程、道路工程、水电工程、小品

园林工程主要材料

绿化	乔木类 云杉、白皮松、白蜡、国槐、栾树、元宝枫 灌木类 丛生黄栌、金叶女贞球、海桐球、大叶黄杨球、水蜡球、小叶黄杨球 地被类 紫叶小檗、荷兰菊、狼尾草、金叶女贞、北海道黄杨、卫矛
景观	石材台阶、花岗石碎拼铺装、水泥仿木纹栏杆($H=1.2m$)、防腐木栏杆($H=1.2m$)、不锈钢绳索护栏($H=1.2m$)
道路	人行道路铺装 600mm×300mm×30mm 烧面芝麻灰 车行道路铺装 水泥混凝土道路 其他道路 600mm×600mm×30mm 烧面黄锈石工字缝密铺
小品	砖砌台阶、石材台阶面
给水 排水 电气 工程	给水工程 1. 给水管道：塑料管 2. 给水阀门：快速取水阀 电气工程 1. 电缆类型：YJY 2. 灯具类型：高杆照明灯、景观灯

经济指标

工程类别	项目类别	工程造价/万元	造价百分比	景区面积/m²	单方造价/(元/m²)
绿化	乔木	16.22	14.08%	2273.4	71.35
	灌木	0.66	0.57%	2273.4	2.90
	地被、草坪	13.39	11.62%	2273.4	58.91
	绿地整理	1.25	1.09%	2273.4	5.51
	绿化造价合计	31.53	27.36%	2273.4	138.67

(续)

经济指标

工程类别	项目类别	工程造价/万元	造价百分比	景区面积/m²	单方造价/(元/m²)
景观	土石方工程	2.28	1.98%	2273.4	10.02
	道路铺装及其他	55.58	48.23%	2273.4	244.47
	小品	13.66	11.86%	2273.4	60.10
	围墙	3.82	3.32%	2273.4	16.82
	景观造价合计	75.34	65.38%	2273.4	331.40
安装	给水工程	2.52	2.18%	2273.4	11.07
	电气工程	5.85	5.08%	2273.4	25.75
	安装造价合计	8.37	7.26%	2273.4	36.82
项目总造价		115.24	100.00%	2273.4	506.89

技术指标

项目类别	项目名称	基础数量/m²	单位	单方含量	单方造价/(元/m²)	单项综合单价/元
绿化	乔木	113.40	株/m²	0.09	71.35	2549.60
	灌木	113.40	株/m²	0.38	2.90	207.18
	地被、草坪	113.40	m²/m²	1.00	58.91	146.65
	绿地整理	113.40	m²/m²	0.01	5.51	3.46
景观	土石方工程	2160.00	m³/m²	0.15	10.02	15.96
	道路铺装及其他	2160.00	m²/m²	2.42	244.47	186.18
	小品	2160.00	m²/m²	0.05	60.10	314.25
	围墙	2160.00	m/m²	0.02	16.82	594.00

指标测算基本情况——福建福州景观公园

指标测算概况

工程类别	园区景观	绿化率	41%	项目年份	2024
项目地址	福州	承包模式	工程总承包	承包范围	绿化、景观、道路
绿化面积/m²	26121.45	硬景面积(含道路)/m²	6091.64	景区面积/m²	36090.82

计价情况

计价依据	13清单 福建16定额	合同造价/万元	1341.66	计税模式	增值税
质保金	总造价3%	质量	合格	工期	350d
预付款	总造价20%	进度款支付方式	形象进度	进度支付比例	80%

施工范围

本工程包括绿化工程、景观工程、道路工程、水电工程、小品

园林工程主要材料

绿化	乔木类 法桐、蒙古栎、榆树、银杏、复叶械 灌木类 丛生花石榴、红瑞木、金叶女贞球、海桐球、大叶黄杨球 地被类 北海道黄杨、卫矛、五叶地锦、大叶黄杨、紫叶小檗 草坪类 冷季型草坪
景观	青石汀步 石质栏杆 阳光板顶棚 园区围墙 运动场地 花池 水景
道路	混凝土道路 200mm厚C30混凝土剖光 停车场 80mm厚植草砖
小品	儿童娱乐机械组合、秋千组合、跷跷板、摇摇马、摇摇椅
给水 排水 电气 工程	给水工程 1. 给水设备：潜水泵 2. 给水管道：PPR管、镀锌钢管 3. 给水阀门：取水阀门箱、快速取水阀、其他 电气工程 1. 灯具类型：草坪灯、景观落地灯、喷泉灯、射树灯、LED灯带 2. 背景音乐系统、手孔井

（续）

经济指标

工程类别	项目类别	工程造价/万元	造价百分比	景区面积/m²	单方造价/(元/m²)
绿化	乔木	338.12	25.20%	36090.82	93.68
	灌木	40.19	3.00%	36090.82	11.13
	地被、草坪	236.23	17.61%	36090.82	65.45
	绿地整理	16.37	1.22%	36090.82	4.54
	园区内回填种植土	45.42	3.39%	36090.82	12.59
	绿化造价合计	676.33	50.41%	36090.82	187.40
景观	石材及其他铺装和道路	330.19	24.61%	36090.82	91.49
	运动场地	31.32	2.33%	36090.82	8.68
	汀步	5.15	0.38%	36090.82	1.43
	栏杆	7.92	0.59%	36090.82	2.19
	花池	35.42	2.64%	36090.82	9.82
	其他水景	27.06	2.02%	36090.82	7.50
	车棚	33.65	2.51%	36090.82	9.32
	园区围墙	43.42	3.24%	36090.82	12.03
	景观造价合计	514.13	38.32%	36090.82	142.46
安装	给水工程	52.81	3.94%	36090.82	14.63
	电气工程	65.20	4.86%	36090.82	18.07
	雨污水工程	27.76	2.07%	36090.82	7.69
	室外零星设施	5.43	0.40%	36090.82	1.51
	安装造价合计	151.20	11.27%	36090.82	41.89
项目总造价		1341.66	100.00%	36090.82	371.75

技术指标

项目类别	项目名称	基础数量/m²	单位	单方含量	单方造价/(元/m²)	单项综合单价/元
绿化	乔木	26121.45	株/m²	0.06	93.68	2976.48
	灌木	26121.45	株/m²	0.04	11.13	440.16
	地被、草坪	26121.45	m²/m²	1.00	65.45	224.43
	绿地整理	26121.45	m²/m²	1.00	4.54	6.77
	园区内回填种植土	26121.45	m³/m²	0.30	12.59	62.61
景观	石材及其他铺装和道路	6091.64	m²/m²	0.75	91.49	1105.26
	运动场地	6091.64	m²/m²	0.18	8.68	299.69
	汀步	6091.64	m²/m²	0.02	1.43	443.79
	栏杆	6091.64	m/m²	0.03	2.19	408.99
	花池	6091.64	处/m²	0.01	9.82	16106.53
	其他水景	6091.64	处/m²	0.02	7.50	270640.27
	车棚	6091.64	m²/m²	0.08	9.32	700.81
	园区围墙	6091.64	m/m²	0.04	12.03	1944.02

指标测算基本情况——天津景观公园

指标测算概况					
工程类别	园区景观	绿化率	34%	项目年份	2023
项目地址	天津	承包模式	工程总承包	承包范围	绿化、景观、道路
绿化面积/m²	16318.36	硬景面积(含道路)/m²	8873.63	景区面积/m²	27168.61
计价情况					
计价依据	13 清单 天津 20 定额	合同造价/万元	1107.38	计税模式	增值税
质保金	总造价 3%	质量	合格	工期	350d
预付款	总造价 20%	进度款支付方式	形象进度	进度支付比例	80%
施工范围					
本工程包括绿化工程、景观工程、道路工程、水电工程、小品					
园林工程主要材料					
绿化	乔木类 苦楝、刺槐、金丝垂柳、核桃、马褂木 灌木类 茶条槭球、卫矛球、云杉球、小叶黄杨球 地被类 北海道黄杨、卫矛、五叶地锦、大叶黄杨、紫叶小檗 草坪类 马尼拉草坪				
景观	汀步 景墙 游泳池 树池				
道路	混凝土道路 200mm 厚 C30 混凝土，路面养生 沥青道路 细粒式 4cm 厚黑色沥青混凝土 停车场 50mm 厚植草格				
小品	果壳箱、桌椅及阳伞 垃圾桶：规格 800mm×800mm×300mm；材质为 3mm 厚磨砂面不锈钢板香槟金色，激光阴刻标识 健身体育设施 双人肩关节康复器：规格 1000mm×1000mm×1200mm；材质为钢材、塑料				
给水 排水 电气 工程	给水工程 1. 给水设备：成人池 pH 值调节剂投药泵、成人池氯消毒剂投药泵、成人池紫外线消毒器 2. 给水管道：PPR 3. 给水阀门：取水阀门箱、快速取水阀 电气工程 1. 电线类型：BV 2. 电气配管：PC 3. 灯具类型：广场灯、庭院灯、矮草坪灯、射树灯、地埋灯、LED 灯带 雨污水工程 雨污水管道：UPVC 排水管、HDPE 双壁波纹管 检查井：绿地雨水口				

(续)

经济指标

工程类别	项目类别	工程造价/万元	造价百分比	景区面积/m²	单方造价/(元/m²)
绿化	乔木	270.37	24.42%	27168.61	99.51
	灌木	3.89	0.35%	27168.61	1.43
	地被、草坪	154.11	13.92%	27168.61	56.72
	绿地整理	3.15	0.28%	27168.61	1.16
	园区内回填种植土	83.89	7.58%	27168.61	30.88
	绿化造价合计	515.41	46.54%	27168.61	189.71
景观	石材及其他铺装和道路	301.26	27.20%	27168.61	110.88
	汀步	0.59	0.05%	27168.61	0.22
	人行道牙	0.26	0.02%	27168.61	0.10
	挡土墙	125.01	11.29%	27168.61	46.01
	泳池水景	55.27	4.99%	27168.61	20.34
	运动场地	25.79	2.33%	27168.61	9.49
	景石假山	0.70	0.06%	27168.61	0.26
	景墙	4.01	0.36%	27168.61	1.47
	景观造价合计	512.89	46.32%	27168.61	188.78
安装	给水工程	29.62	2.68%	27168.61	10.90
	电气工程	38.22	3.45%	27168.61	14.07
	雨污水工程	11.23	1.01%	27168.61	4.13
	安装造价合计	79.08	7.14%	27168.61	29.11
项目总造价		1107.38	100.00%	27168.61	407.59

技术指标

项目类别	项目名称	基础数量/m²	单位	单方含量	单方造价/(元/m²)	单项综合单价/元
绿化	乔木	16318.36	株/m²	0.02	99.51	2832.55
	灌木	16318.36	株/m²	0.01	1.43	279.96
	地被、草坪	16318.36	m²/m²	1.00	56.72	189.73
	绿地整理	16318.36	m²/m²	1.00	1.16	2.08
	园区内回填种植土	16318.36	m³/m²	1.10	30.88	50.48
景观	石材及其他铺装和道路	8873.63	m²/m²	1.14	110.88	1069.34
	汀步	8873.63	m²/m²	0.01	0.22	384.46
	人行道牙	8873.63	m/m²	0.02	0.10	98.72
	挡土墙	8873.63	m³/m²	0.03	46.01	5091.40
	泳池水景	8873.63	个/m²	0.09	20.34	723.58
	运动场地	8873.63	m²/m²	0.06	9.49	548.22
	景石假山	8873.63	t/m²	0.02	0.26	3366.78
	景墙	8873.63	m²/m²	0.01	1.47	3277.96

指标测算基本情况——江苏无锡景观公园

指标测算概况					
工程类别	园区景观	绿化率	30%	项目年份	2023
项目地址	无锡	承包模式	工程总承包	承包范围	绿化、景观、道路
绿化面积/m^2	5308.84	硬景面积(含道路)/m^2	2931.51	景区面积/m^2	9312.35
计价情况					
计价依据	13 清单 江苏 14 定额	合同造价/万元	377.28	计税模式	增值税
质保金	总造价 3%	质量	合格	工期	350d
预付款	总造价 20%	进度款支付方式	形象进度	进度支付比例	80%
施工范围					
本工程包括绿化工程、景观工程、道路工程、水电工程、小品					
园林工程主要材料					
绿化	乔木类 速生杨、丛生蒙古栎、火炬树、丛生元宝枫、榉树 灌木类 大叶黄杨球、紫荆、榆叶梅、木槿、丁香 地被类 卫矛、五叶地锦、大叶黄杨、北海道黄杨、金叶女贞 草坪类 半细叶结缕草				
景观	景墙 台阶 挡墙 砖砌花池				
道路	沥青道路 中粒式沥青混凝土				
给水 排水 电气 工程	给水工程 1. 给水设备：水泵 2. 给水管道：PPR 3. 给水阀门：取水阀门箱、快速取水阀、止回阀、闸阀 4. 检查井：仅包含井盖（不锈钢井盖、高分子复合型井盖/树脂井盖轻型） 电气工程 1. 设备及控制箱：水下安全变压器 2. 电缆类型：VV、JHS 3. 灯具类型：庭院灯、中杆灯、草坪灯、水下喷泉灯、水下地埋灯、LED 灯带、LED 洗墙灯 4. 电管类型：PVC 管材				

(续)

经济指标

工程类别	项目类别	工程造价/万元	造价百分比	景区面积/m²	单方造价/(元/m²)
绿化	乔木	79.93	21.19%	9312.35	85.83
	灌木	3.33	0.88%	9312.35	3.57
	地被、草坪	70.05	18.57%	9312.35	75.22
	绿地整理	2.05	0.54%	9312.35	2.20
	园区内回填种植土	10.51	2.79%	9312.35	11.28
	绿化造价合计	165.87	43.96%	9312.35	178.11
景观	石材及其他铺装和道路	105.65	28.00%	9312.35	113.45
	花池	2.22	0.59%	9312.35	2.39
	树池	1.92	0.51%	9312.35	2.06
	观赏水景（硬质水体）	15.16	4.02%	9312.35	16.28
	小品	33.02	8.75%	9312.35	35.45
	景石假山	0.59	0.16%	9312.35	0.64
	景墙	7.51	1.99%	9312.35	8.06
	木栈道	8.68	2.30%	9312.35	9.32
	台阶	3.30	0.88%	9312.35	3.55
	挡土墙	1.08	0.29%	9312.35	1.16
	景观造价合计	179.14	47.48%	9312.35	192.37
安装	给水工程	12.91	3.42%	9312.35	13.86
	电气工程	15.89	4.21%	9312.35	17.06
	雨污水工程	3.48	0.92%	9312.35	3.73
	安装造价合计	32.27	8.55%	9312.35	34.65
项目总造价		377.28	100.00%	9312.35	405.14

技术指标

项目类别	项目名称	基础数量/m²	单位	单方含量	单方造价/(元/m²)	单项综合单价/元
绿化	乔木	5308.84	株/m²	0.06	85.83	2917.32
	灌木	5308.84	株/m²	0.05	3.57	126.20
	地被、草坪	5308.84	m²/m²	1.00	75.22	279.80
	绿地整理	5308.84	m²/m²	1.00	2.20	3.65
	园区内回填种植土	5308.84	m³/m²	0.27	11.28	78.01
景观	石材及其他铺装和道路	2931.51	m²/m²	1.83	113.45	1008.80
	花池	2931.51	处/m²	0.01	2.39	22197.99
	树池	2931.51	处/m²	0.03	2.06	19239.22
	观赏水景（硬质水体）	2931.51	m²/m²	0.05	16.28	1036.63
	小品	2931.51	m²/m²	3.18	35.45	38.30
	景石假山	2931.51	t/m²	0.01	0.64	993.27
	景墙	2931.51	m/m²	0.02	8.06	10149.74
	木栈道	2931.51	m²/m²	0.08	9.32	414.66
	台阶	2931.51	m²/m²	0.02	3.55	479.38
	挡土墙	2931.51	m³/m²	0.01	1.16	1718.92

指标测算基本情况——辽宁沈阳景观公园

指标测算概况					
工程类别	园区景观	绿化率	33%	项目年份	2023
项目地址	沈阳	承包模式	工程总承包	承包范围	绿化、景观、道路
绿化面积/m²	11634.91	硬景面积(含道路)/m²	4375.26	景区面积/m²	22048.17
计价情况					
计价依据	13清单 辽宁13定额	合同造价/万元	797.70	计税模式	增值税
质保金	总造价3%	质量	合格	工期	350d
预付款	总造价20%	进度款支付方式	形象进度	进度支付比例	80%
施工范围					
本工程包括绿化工程、景观工程、道路工程、水电工程、小品					
园林工程主要材料					
绿化	乔木类 华山松、油松、云杉、白蜡、杜仲 灌木类 丛生黄栌、金银木、丛生紫薇、天目琼花、铺地柏 地被类 北海道黄杨、卫矛、五叶地锦、大叶黄杨、紫叶小檗 草坪类 早熟禾				
景观	运动场地 园区围墙 景石 六角亭				
道路	沥青道路 60mm厚透水沥青混凝土面层 车行道牙 120mm厚C15混凝土 20mm厚1∶2.5水泥砂浆 C20细石混凝土压边 路侧石				
小品	成品岗亭、标识标牌				
给水 排水 电气 工程	给水工程 1. 给水管道：球墨铸铁给水管 2. 检查井：水表井、阀门井 电气工程 1. 电缆类型：YJY 2. 电气配管：焊接钢管 3. 电气灯具：景观路灯、投射灯、地埋灯、草坪灯 4. 雨污水管道：双壁波纹管HDPE 5. 检查井：玻璃钢化粪池、污水检查井、雨水检查井，井深1.2m				

(续)

经济指标

工程类别	项目类别	工程造价/万元	造价百分比	景区面积/m²	单方造价/(元/m²)
绿化	乔木	171.60	21.51%	22048.17	77.83
	灌木	15.14	1.90%	22048.17	6.87
	地被、草坪	157.36	19.73%	22048.17	71.37
	绿地整理	8.02	1.01%	22048.17	3.64
	园区内回填种植土	3.78	0.47%	22048.17	1.71
	绿化造价合计	355.90	44.62%	22048.17	161.42
景观	石材及其他铺装和道路	210.51	26.39%	22048.17	95.48
	运动场地	72.60	9.10%	22048.17	32.93
	园区围墙	55.04	6.90%	22048.17	24.96
	景观造价合计	338.15	42.39%	22048.17	153.37
安装	给水工程	42.43	5.32%	22048.17	19.25
	电气工程	35.41	4.44%	22048.17	16.06
	雨污水工程	25.80	3.23%	22048.17	11.70
	安装造价合计	103.65	12.99%	22048.17	47.01
项目总造价		797.70	100.00%	22048.17	361.80

技术指标

项目类别	项目名称	基础数量/m²	单位	单方含量	单方造价/(元/m²)	单项综合单价/元
绿化	乔木	11634.91	株/m²	0.01	77.83	3079.83
	灌木	11634.91	株/m²	0.04	6.87	390.58
	地被、草坪	11634.91	m²/m²	1.00	71.37	199.14
	绿地整理	11634.91	m²/m²	1.00	3.64	7.45
	园区内回填种植土	11634.91	m³/m²	0.50	1.71	70.14
景观	石材及其他铺装和道路	4375.26	m²/m²	1.60	95.48	792.53
	运动场地	4375.26	m²/m²	0.40	32.93	447.16
	园区围墙	4375.26	m/m²	0.16	24.96	854.56

指标测算基本情况——河南洛阳景观公园二

指标测算概况

工程类别	园区景观	绿化率	32%	项目年份	2024
项目地址	洛阳	承包模式	工程总承包	承包范围	绿化、景观、道路
绿化面积/m²	17393.7	硬景面积(含道路)/m²	2804.45	景区面积/m²	20068.8

计价情况

计价依据	13清单 河南16定额	合同造价/万元	661.48	计税模式	增值税
质保金	总造价3%	质量	合格	工期	350d
预付款	总造价20%	进度款支付方式	形象进度	进度支付比例	80%

施工范围

本工程包括绿化工程、景观工程、道路工程、水电工程、小品。

园林工程主要材料

绿化	乔木类 皂角、千头椿、刺槐、金枝槐、苦楝 灌木类 棣棠、连翘、金叶女贞球、海桐球、水蜡球 地被类 大叶黄杨、北海道黄杨、金叶女贞、卫矛、紫叶小檗 草坪类 百慕大草坪卷
景观	景墙 廊架 防腐木廊架 片石挡墙
道路	沥青道路 3cm厚细粒式沥青混凝土+5cm厚中粒式沥青混凝土
小品	果壳箱、桌椅及阳伞 儿童游乐设施跷跷板
给水 排水 电气 工程	给水工程 1. 给水设备：水表、倒流防止器 2. 给水管道：PPR管、HDPE双壁波纹管、镀锌钢管 3. 给水阀门：快速取水阀、闸阀 4. 检查井：水表井、阀门井 电气工程 1. 设备：配电箱、潜水泵、变压器 2. 电缆：电力电缆YJV、RVV、VV 3. 配管：PE管、PC管、SC管 4. 灯具：庭院灯、草坪灯、地埋灯、壁灯、射灯、LED灯带 雨污水工程 管道：HDPE双壁波纹管

(续)

经济指标

工程类别	项目类别	工程造价/万元	造价百分比	景区面积/m²	单方造价/(元/m²)
绿化	乔木	160.61	24.28%	20068.8	80.03
绿化	灌木	13.76	2.08%	20068.8	6.86
绿化	地被、草坪	100.57	15.20%	20068.8	50.11
绿化	绿地整理	6.38	0.96%	20068.8	3.18
绿化	园区内回填种植土	22.77	3.44%	20068.8	11.34
绿化	绿化造价合计	304.08	45.97%	20068.8	151.52
景观	石材及其他铺装和道路	154.67	23.38%	20068.8	77.07
景观	景墙	13.41	2.03%	20068.8	6.68
景观	廊架	16.43	2.48%	20068.8	8.19
景观	挡土墙	25.24	3.82%	20068.8	12.58
景观	花池	2.14	0.32%	20068.8	1.07
景观	花架	32.37	4.89%	20068.8	16.13
景观	汀步	7.83	1.18%	20068.8	3.90
景观	树池	2.34	0.35%	20068.8	1.17
景观	景观造价合计	254.43	38.46%	20068.8	126.78
安装	给水工程	32.59	4.93%	20068.8	16.24
安装	电气工程	54.62	8.26%	20068.8	27.21
安装	雨污水工程	15.76	2.38%	20068.8	7.85
安装	安装造价合计	102.97	15.57%	20068.8	51.31
项目总造价		661.48	100.00%	20068.8	329.61

技术指标

项目类别	项目名称	基础数量/m²	单位	单方含量	单方造价/(元/m²)	单项综合单价/元
绿化	乔木	17393.70	株/m²	0.01	80.03	2697.94
绿化	灌木	17393.70	株/m²	0.05	6.86	217.52
绿化	地被、草坪	17393.70	m²/m²	0.95	50.11	249.96
绿化	绿地整理	17393.70	m²/m²	1.00	3.18	3.96
绿化	园区内回填种植土	17393.70	m³/m²	0.30	11.34	47.12
景观	石材及其他铺装和道路	2804.45	m²/m²	1.90	77.07	510.65
景观	景墙	2804.45	m/m²	0.01	6.68	18220.11
景观	廊架	2804.45	m²/m²	0.01	8.19	4780.27
景观	挡土墙	2804.45	m³/m²	0.05	12.58	1944.05
景观	花池	2804.45	处/m²	0.03	1.07	21346.49
景观	花架	2804.45	m²/m²	0.02	16.13	5258.10
景观	汀步	2804.45	m²/m²	0.10	3.90	303.57
景观	树池	2804.45	处/m²	0.02	1.17	23474.50

指标测算基本情况——山东烟台景观公园

指标测算概况					
工程类别	园区景观	绿化率	32%	项目年份	2023
项目地址	烟台	承包模式	工程总承包	承包范围	绿化、景观、道路
绿化面积/m²	9038	硬景面积(含道路)/m²	3510.62	景区面积/m²	14081.58
计价情况					
计价依据	13清单 山东16定额	合同造价/万元	611.09	计税模式	增值税
质保金	总造价3%	质量	合格	工期	350d
预付款	总造价20%	进度款支付方式	形象进度	进度支付比例	80%
施工范围					
本工程包括绿化工程、景观工程、道路工程、水电工程、小品					
园林工程主要材料					
绿化	乔木类 新疆杨、板栗、栾树、白蜡、白皮松 灌木类 茶条槭球、紫叶小檗、卫矛球、金叶榆球、云杉球 地被类 北海道黄杨、卫矛、五叶地锦、大叶黄杨、紫叶小檗 草坪类 半细叶结缕草				
景观	景墙 廊架 水泥仿木纹栏杆 $H=1.2m$ 花岗石车挡球				
道路	沥青道路 中粒式沥青混凝土				
给水 排水 电气 工程	给水工程 1. 给水设备：潜水泵、水表、喷头等 2. 给水管道：PPR 3. 给水阀门：取水阀门箱、快速取水阀、止回阀、闸阀 电气工程 1. 电缆类型：VV、JHS 2. 灯具类型：庭院灯、草坪灯、喷泉灯、地埋灯、灯带、洗墙灯 3. 电管类型：PVC管材 雨污水工程 雨污水管道：PVC-U、双壁波纹管				

(续)

经济指标

工程类别	项目类别	工程造价/万元	造价百分比	景区面积/m²	单方造价/(元/m²)
绿化	乔木	109.45	17.91%	14081.58	77.72
	灌木	4.75	0.78%	14081.58	3.37
	地被、草坪	100.17	16.39%	14081.58	71.14
	绿地整理	3.48	0.57%	14081.58	2.47
	园区内回填种植土	19.58	3.20%	14081.58	13.90
	绿化造价合计	237.43	38.85%	14081.58	168.61
景观	石材及其他铺装和道路	151.02	24.71%	14081.58	107.24
	景墙	10.68	1.75%	14081.58	7.59
	廊架	12.38	2.03%	14081.58	8.79
	台阶	4.73	0.77%	14081.58	3.36
	花池	18.96	3.10%	14081.58	13.47
	树池	13.77	2.25%	14081.58	9.78
	车棚	26.92	4.41%	14081.58	19.12
	小品	47.27	7.74%	14081.58	33.57
	景观造价合计	285.74	46.76%	14081.58	202.91
安装	给水工程	18.32	3.00%	14081.58	13.01
	电气工程	68.49	11.21%	14081.58	48.64
	雨污水工程	1.11	0.18%	14081.58	0.79
	安装造价合计	87.92	14.39%	14081.58	62.44
项目总造价		611.09	100.00%	14081.58	433.96

技术指标

项目类别	项目名称	基础数量/m²	单位	单方含量	单方造价/(元/m²)	单项综合单价/元
绿化	乔木	9038.00	株/m²	0.04	77.72	2903.13
	灌木	9038.00	株/m²	0.04	3.37	234.22
	地被、草坪	9038.00	m²/m²	1.00	71.14	214.50
	绿地整理	9038.00	m²/m²	1.00	2.47	4.16
	园区内回填种植土	9038.00	m³/m²	0.30	13.90	78.01
景观	石材及其他铺装和道路	3510.62	m²/m²	6.98	107.24	796.17
	景墙	3510.62	m/m²	0.02	7.59	10153.30
	廊架	3510.62	m²/m²	0.03	8.79	1404.82
	台阶	3510.62	m²/m²	0.02	3.36	626.43
	花池	3510.62	处/m²	0.02	13.47	31612.59
	树池	3510.62	处/m²	1.00	9.78	27542.30
	车棚	3510.62	m²/m²	2.00	19.12	2910.04
	小品	3510.62	m²/m²	3.00	33.57	36.26

指标测算基本情况——河北石家庄景观公园

指标测算概况					
工程类别	园区景观	绿化率	42%	项目年份	2023
项目地址	石家庄	承包模式	工程总承包	承包范围	绿化、景观、道路
绿化面积/m²	35779.79	硬景面积(含道路)/m²	12355.01	景区面积/m²	53682.86
计价情况					
计价依据	13清单 河北22定额	合同造价/万元	2507.78	计税模式	增值税
质保金	总造价3%	质量	合格	工期	350d
预付款	总造价20%	进度款支付方式	形象进度	进度支付比例	80%
施工范围					
本工程包括绿化工程、景观工程、道路工程、水电工程、小品					
园林工程主要材料					
绿化	乔木类 榉树、蒙古栎、榆树、垂柳、刺槐 灌木类 金叶榆球、榆叶梅、丁香、云杉球、紫荆 地被类 卫矛、五叶地锦、大叶黄杨、北海道黄杨、金叶女贞 草坪类 马尼拉				
景观	景墙 车棚 绿化栏杆 $H=0.35m$ 石材墙面				
道路	沥青道路 4cm厚细粒式沥青混凝土+5cm厚粗粒式沥青混凝土 车行道牙 烧面芝麻灰花岗石				
小品	成品岗亭、标识标牌				
给水 排水 电气 工程	给水工程 1. 给水管道：PPR管 2. 给水阀门：快速取水阀、球阀 电气工程 1. 电气设备：配电箱 2. 电缆类型：YJV 3. 灯具类型：庭院灯、草坪灯 智能化工程				

(续)

经济指标

工程类别	项目类别	工程造价/万元	造价百分比	景区面积/m²	单方造价/(元/m²)
绿化	乔木	397.84	15.86%	53682.86	74.11
	灌木	15.12	0.60%	53682.86	2.82
	地被、草坪	1057.92	42.19%	53682.86	197.07
	绿地整理	16.07	0.64%	53682.86	2.99
	园区内回填种植土	49.25	1.96%	53682.86	9.17
	绿化造价合计	1536.20	61.26%	53682.86	286.16
景观	地砖及其他铺装和道路	675.56	26.94%	53682.86	125.84
	景墙	2.88	0.11%	53682.86	0.54
	挡土墙	4.68	0.19%	53682.86	0.87
	车棚	7.68	0.31%	53682.86	1.43
	园区围墙	201.02	8.02%	53682.86	37.45
	景观造价合计	891.82	35.56%	53682.86	166.13
安装	给水工程	10.94	0.44%	53682.86	2.04
	电气工程	68.82	2.74%	53682.86	12.82
	安装造价合计	79.76	3.18%	53682.86	14.86
项目总造价		2507.78	100.00%	53682.86	467.15

技术指标

项目类别	项目名称	基础数量/m²	单位	单方含量	单方造价/(元/m²)	单项综合单价/元
绿化	乔木	35779.79	株/m²	0.03	74.11	2646.54
	灌木	35779.79	株/m²	0.01	2.82	463.90
	地被、草坪	35779.79	m²/m²	1.00	197.07	170.99
	绿地整理	35779.79	m²/m²	1.00	2.99	4.85
	园区内回填种植土	35779.79	m³/m²	0.30	9.17	49.55
景观	地砖及其他铺装和道路	12355.01	m²/m²	1.98	125.84	710.59
	景墙	12355.01	m/m²	0.01	0.54	2176.49
	挡土墙	12355.01	m³/m²	0.02	0.87	1636.98
	车棚	12355.01	m²/m²	0.01	1.43	1098.61
	园区围墙	12355.01	m/m²	0.13	166.13	1312.96

指标测算基本情况——四川成都景观公园

指标测算概况					
工程类别	园区景观	绿化率	31%	项目年份	2023
项目地址	成都	承包模式	工程总承包	承包范围	绿化、景观、道路
绿化面积/m²	5325.28	硬景面积(含道路)/m²	5508.59	景区面积/m²	14059.63
计价情况					
计价依据	13 清单 四川 20 定额	合同造价/万元	615.03	计税模式	增值税
质保金	总造价3%	质量	合格	工期	350d
预付款	总造价20%	进度款支付方式	形象进度	进度支付比例	80%
施工范围					
本工程包括绿化工程、景观工程、道路工程、水电工程、小品					
园林工程主要材料					
绿化	乔木类 香花槐、丛生水曲柳、速生杨、朴树 灌木类 茶条槭球、水蜡球、海桐球、迎春、铺地柏 地被类 大叶黄杨、北海道黄杨、金叶女贞、卫矛、紫叶小檗 草坪类 百慕大、秋季混播黑麦草				
景观	廊架 园区围墙 水景 景石 砾石散铺				
道路	混凝土道路 5cm 厚 C30 彩色透水商品混凝土面层 车行道牙 芝麻灰花岗石边石 沥青道路 6cm 厚粗粒式沥青混凝土(PAC-16C)+PC-3 乳化沥青粘层+4cm 厚细粒式沥青混凝土(PAC-13)				
给水 排水 电气 工程	给水工程 1. 给水设备：潜水泵 2. 给水管道：PE 管 3. 给水阀门：闸阀、止回阀、球阀等 电气工程 1. 电缆类型：YJV 2. 灯具类型：庭院灯、草坪灯、投光灯、侧壁灯 3. 手孔井 雨污水工程 1. 排水管道：HDPE 波纹管、UPVC 直壁波纹管 2. 单箅雨水口				

(续)

经济指标

工程类别	项目类别	工程造价/万元	造价百分比	景区面积/m²	单方造价/(元/m²)
绿化	乔木	131.79	21.43%	14059.63	93.74
	灌木	14.04	2.28%	14059.63	9.99
	地被、草坪	51.49	8.37%	14059.63	36.63
	绿地整理	2.27	0.37%	14059.63	1.61
	园区内回填种植土	5.39	0.88%	14059.63	3.83
	绿化造价合计	204.98	33.33%	14059.63	145.80
景观	石材及其他铺装和道路	264.60	43.02%	14059.63	188.20
	汀步	0.05	0.01%	14059.63	0.03
	廊架	29.16	4.74%	14059.63	20.74
	台阶	0.76	0.12%	14059.63	0.54
	栏杆	15.24	2.48%	14059.63	10.84
	园区围墙	21.93	3.57%	14059.63	15.60
	景观造价合计	331.74	53.94%	14059.63	235.95
安装	给水工程	20.36	3.31%	14059.63	14.48
	电气工程	27.57	4.48%	14059.63	19.61
	雨污水工程	30.38	4.94%	14059.63	21.61
	安装造价合计	78.31	12.73%	14059.63	55.70
	项目总造价	615.03	100.00%	14059.63	437.45

技术指标

项目类别	项目名称	基础数量/m²	单位	单方含量	单方造价/(元/m²)	单项综合单价/元
绿化	乔木	5325.28	株/m²	0.09	93.74	3139.56
	灌木	5325.28	株/m²	0.10	9.99	291.22
	地被、草坪	5325.28	m²/m²	1.00	36.63	170.18
	绿地整理	5325.28	m²/m²	1.00	1.61	4.60
	园区内回填种植土	5325.28	m³/m²	0.30	3.83	36.46
景观	石材及其他铺装和道路	5508.59	m²/m²	1.85	188.20	697.68
	汀步	5508.59	m²/m²	0.01	0.03	452.82
	廊架	5508.59	m²/m²	0.02	20.74	2503.71
	台阶	5508.59	m²/m²	0.02	0.54	901.85
	栏杆	5508.59	m/m²	0.06	10.84	477.36
	园区围墙	5508.59	m/m²	0.07	15.60	611.41

指标测算基本情况——湖北武汉景观公园

指标测算概况

工程类别	园区景观	绿化率	37%	项目年份	2023
项目地址	武汉	承包模式	工程总承包	承包范围	绿化、景观、道路
绿化面积/m²	21076.06	硬景面积(含道路)/m²	6140.39	景区面积/m²	35391.28

计价情况

计价依据	13清单 湖北18定额	合同造价/万元	1102.01	计税模式	增值税
质保金	总造价3%	质量	合格	工期	350d
预付款	总造价20%	进度款支付方式	形象进度	进度支付比例	80%

施工范围

本工程包括绿化工程、景观工程、道路工程、水电工程、小品

园林工程主要材料

绿化	乔木类 板栗、元宝枫、白蜡、白皮松、蜀桧 灌木类 连翘、迎春、榆叶梅、木槿、水蜡球 地被类 五叶地锦、葡萄、金叶女贞、卫矛、紫叶小檗 草坪类 台湾二号草坪
景观	景墙 廊架 六角亭 防腐木廊架
道路	沥青道路 中粒式5cm厚黑色沥青混凝土 车行道牙 芝麻灰花岗石路缘石、预制混凝土路缘石 停车场 植草砖
给水 排水 电气工程	雨污水工程 HDPE双壁波纹管、雨水井、污水混凝土井

经济指标

工程类别	项目类别	工程造价/万元	造价百分比	景区面积/m²	单方造价/(元/m²)
绿化	乔木	265.41	24.08%	35391.28	74.99
	灌木	6.00	0.54%	35391.28	1.70
	地被、草坪	194.83	17.68%	35391.28	55.05
	绿地整理	8.04	0.73%	35391.28	2.27
	园区内回填种植土	25.76	2.34%	35391.28	7.28
	绿化造价合计	500.04	45.38%	35391.28	141.29

(续)

经济指标

工程类别	项目类别	工程造价/万元	造价百分比	景区面积/m²	单方造价/(元/m²)
景观	石材及其他铺装和道路	447.96	40.65%	35391.28	126.57
	景石假山	0.72	0.07%	35391.28	0.20
	景墙	14.66	1.33%	35391.28	4.14
	廊架	30.94	2.81%	35391.28	8.74
	车棚	18.61	1.69%	35391.28	5.26
	景观造价合计	512.89	46.54%	35391.28	144.92
安装	雨污水工程	89.08	8.08%	35391.28	25.17
	安装造价合计	89.08	8.08%	35391.28	25.17
项目总造价		1102.01	100.00%	35391.28	311.38

技术指标

项目类别	项目名称	基础数量/m²	单位	单方含量	单方造价/(元/m²)	单项综合单价/元
绿化	乔木	21076.06	株/m²	0.04	74.99	2748.60
	灌木	21076.06	株/m²	0.01	1.70	363.75
	地被、草坪	21076.06	m²/m²	1.00	55.05	213.47
	绿地整理	21076.06	m²/m²	1.00	2.27	4.11
	园区内回填种植土	21076.06	m³/m²	0.30	7.28	44.00
景观	石材及其他铺装和道路	6140.39	m²/m²	1.65	126.57	732.66
	景墙	6140.39	m/m²	0.01	0.20	7366.95
	廊架	6140.39	m²/m²	0.03	4.14	1624.74
	车棚	6140.39	m²/m²	0.01	8.74	2463.40
	检查井	6140.39	个/m²	0.01	5.26	4448.24

指标测算基本情况——青海西宁景观公园

指标测算概况					
工程类别	园区景观	绿化率	33%	项目年份	2023
项目地址	西宁	承包模式	工程总承包	承包范围	绿化、景观、道路
绿化面积/m²	17978.11	硬景面积(含道路)/m²	6898.5	景区面积/m²	36876.5
计价情况					
计价依据	13清单 青海19定额	合同造价/万元	1443.33	计税模式	增值税
质保金	总造价3%	质量	合格	工期	350d
预付款	总造价20%	进度款支付方式	形象进度	进度支付比例	80%
施工范围					
本工程包括绿化工程、景观工程、道路工程、水电工程、小品					
园林工程主要材料					
绿化	乔木类 白蜡、榉树、杜仲、丛生蒙古栎、金叶榆 灌木类 海桐球、卫矛球、棣棠、连翘、水蜡球 地被类 金叶女贞、卫矛、紫叶小檗、大叶黄杨、北海道黄杨 草坪类 麦冬				
景观	廊架 园区围墙 水景 汀步 砖砌花池				
道路	沥青道路 4cm厚细粒式黑色沥青混凝土+8cm厚粗粒式黑色沥青混凝土 车行道牙 机切面芝麻灰花岗石路缘石				
给水 排水 电气 工程	给水工程 1. 给水设备：潜水泵 2. 给水管道：PE、PPR 3. 给水阀门：快速取水阀、喷灌喷头、其他 电气工程 1. 电缆类型：VV、YJV、YZW 2. 电气配管：PC、镀锌管 3. 灯具类型：庭院灯、射树灯、壁灯、射灯、柱头灯、水底射灯 智能化工程 雨污水工程 1. 排水设备：溢水口 2. 排水管道：PVC、HDPE双壁波纹管 3. 排水阀门：截止阀				

(续)

经济指标

工程类别	项目类别	工程造价/万元	造价百分比	景区面积/m²	单方造价/(元/m²)
绿化	乔木	406.66	28.18%	36876.5	110.28
	灌木	36.83	2.55%	36876.5	9.99
	地被、草坪	158.73	11.00%	36876.5	43.04
	绿地整理	5.01	0.35%	36876.5	1.36
	其他费用	57.90	4.01%	36876.5	15.70
	绿化造价合计	665.13	46.08%	36876.5	180.37
景观	石材及其他铺装和道路	531.06	36.79%	36876.5	144.01
	人行道牙	16.36	1.13%	36876.5	4.44
	景墙	4.23	0.29%	36876.5	1.15
	景观亭	14.00	0.97%	36876.5	3.80
	挡土墙	63.85	4.42%	36876.5	17.31
	景观造价合计	629.50	43.61%	36876.5	170.70
安装	给水工程	6.59	0.46%	36876.5	1.79
	电气工程	87.25	6.05%	36876.5	23.66
	雨污水工程	54.86	3.80%	36876.5	14.88
	安装造价合计	148.71	10.30%	36876.5	40.33
项目总造价		1443.33	100.00%	36876.5	391.40

技术指标

项目类别	项目名称	基础数量/m²	单位	单方含量	单方造价/(元/m²)	单项综合单价/元
绿化	乔木	17978.11	株/m²	0.05	110.28	2764.80
	灌木	17978.11	株/m²	0.05	9.99	361.38
	地被、草坪	17978.11	m²/m²	1.00	43.04	212.62
	绿地整理	17978.11	m²/m²	1.00	1.36	3.01
	其他费用	17978.11	m²/m²	1.00	15.70	34.79
景观	石材及其他铺装和道路	6898.50	m²/m²	1.93	144.01	804.45
	人行道牙	6898.50	m/m²	0.19	4.44	137.60
	景墙	6898.50	m/m²	0.02	1.15	4523.08
	景观亭	6898.50	m/m²	0.03	3.80	6976.01
	挡土墙	6898.50	m³/m²	0.12	17.31	809.72